道路

DAOLU
JISUANJI
FUZHUJISHU

计算机辅助技术

王中伟 编著

中南大学出版社
www.csupress.com.cn

图书在版编目（CIP）数据

道路计算机辅助技术／王中伟编著.

—长沙：中南大学出版社，2015.12（2020.1 重印）

ISBN 978 – 7 – 5487 – 2086 – 7

Ⅰ. 道… Ⅱ. 王… Ⅲ. 道路工程—计算机辅助设计

Ⅳ. U412.6

中国版本图书馆 CIP 数据核字（2015）第 307030 号

道路计算机辅助技术

王中伟　编著

□责任编辑	刘　灿
□责任印制	易建国
□出版发行	中南大学出版社
	社址：长沙市麓山南路　　　　邮编：410083
	发行科电话：0731 – 88876770　　传真：0731 – 88710482
□印　　装	长沙印通印刷有限公司

□开　　本	787 mm×1092 mm 1/16	□印张 10.5	□字数 261 千字	□插页 2
□版　　次	2015 年 12 月第 1 版	□印次　2020 年 1 月第 4 次印刷		
□书　　号	ISBN 978 – 7 – 5487 – 2086 – 7			
□定　　价	35.00 元			

前言
Foreword

　　随着计算机和信息化的发展，公路设计与施工越来越需要利用计算机和专用软件来辅助完成，掌握和应用计算机与专业软件的能力，是工程技术人员不可或缺的核心能力之一。

　　本书主要讲述了 AutoCAD 和 EXCEL 的工程应用技巧、EXCEL 常用工程软件(程序)的应用、CASS 数模应用与土石方算量、纬地软件的路线构建与路线设计等内容。本书是作者多年潜心研究和应用的成果，很多操作技巧是作者的经验总结，全部 EXCEL 程序也是作者自己开发的，其中，"道路中边桩坐标计算程序 140920. xls""立交匝道与卵形曲线计算程序. xls"实际应用已相当广泛。

　　本书使用了三个商业软件，分别是常青藤 CAD 辅助工具 V1. 73、CASS 7. 0、纬地三维道路 CAD 系统 V6. 6。另，附合导线平差计算 1. 0 版来自网络，可免费使用，以上软件(程序)均属于原作者(公司)。本书程序开发和软件操作的环境是 Windows 7(64 位)、MS Office 2010、AutoCAD 2006。

　　书中操作案例的电子附件、计算程序/软件(不包含商业软件)、工程案例图纸等(详单见附录)，可在中南大学出版社网站(网址:http://www.csu-press. com. cn/)的"下载专区"免费下载，也可以联系作者索取，作者邮箱:595077@ qq. com。

　　由于作者水平有限，书中难免有不当之处，恳请读者批评指正。

王中伟

2015 年 10 月

目录

CONTENTS

第 1 章

AutoCAD 与 EXCEL 的基本应用

1.1　利用 AutoCAD 作图查询几何参数

　　AutoCAD 是一个高精度的图形系统，利用作图方法，可计算与查询工程中常用的几何参数，如距离、角度（方位角）、坐标、面积等，无需繁杂的数值计算，且图形化的表现更加直观。

1.1.1　AutoCAD 的几何参数查询方法

　　在 AutoCAD 中查询对象的几何参数主要通过三种途径。

　　1. 查询菜单或命令按钮

　　如图 1－1 所示，通过查询菜单或命令按钮，可查询距离、面积、列表显示、点坐标等几何参数，其查询结果会显示在命令栏中。

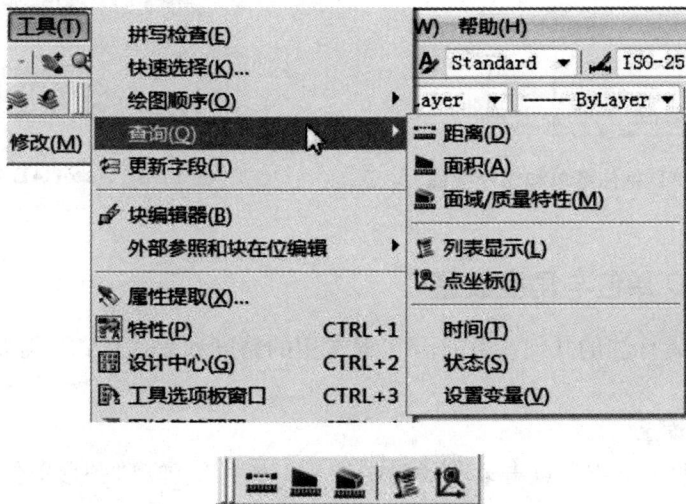

图 1－1　AutoCAD 查询菜单和命令按钮

2. 标注菜单或命令按钮

如图 1-2 所示，通过标注菜单或命令按钮，可查询并标注距离、半径、直径、角度等几何参数，其查询结果将标注在对应的图形中。

3. 特性窗口

按快捷键 Ctrl +1，将切换显示特性窗口，特性窗口将列表显示所选对象所具备的所有几何信息。图 1-3 所示特性窗口显示的是一条直线的特性参数，包括起、终点坐标、坐标增量、距离(长度)、角度(方位角)等。

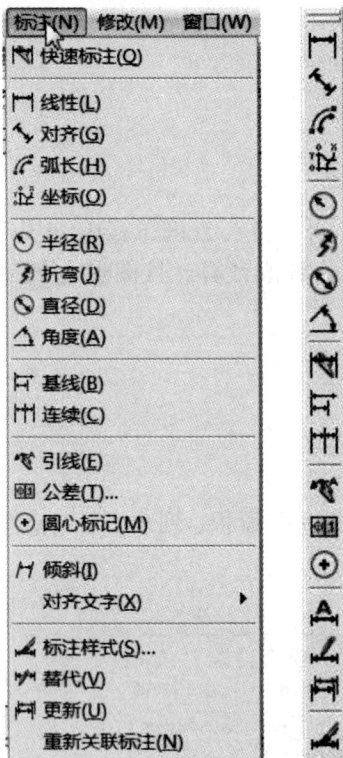

图 1-2　AutoCAD 标注菜单和命令按钮

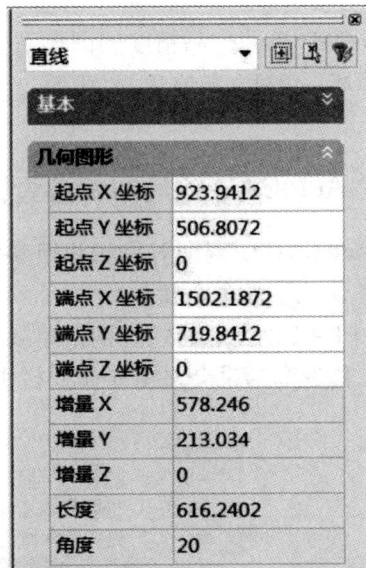

图 1-3　AutoCAD 特性窗口

1.1.2　AutoCAD 单位与角度设置

为了使查询或者标注的几何参数符合工程常用的精度和表达形式，需要先进行单位和角度的设置。

1. 单位和角度设置

键入命令"UNITS"，或者点击菜单[格式]—[单位…]，弹出"图形单位"对话框，修改为如下设置(如图 1-4)：

长度：类型"小数"，精度"0.000"；

角度：类型"度/分/秒"，精度"0d00′00″"，顺时针；

再点击[方向…]按钮，弹出"方向控制"对话框(如图 1-5)，基准角度选择"北(N)"。

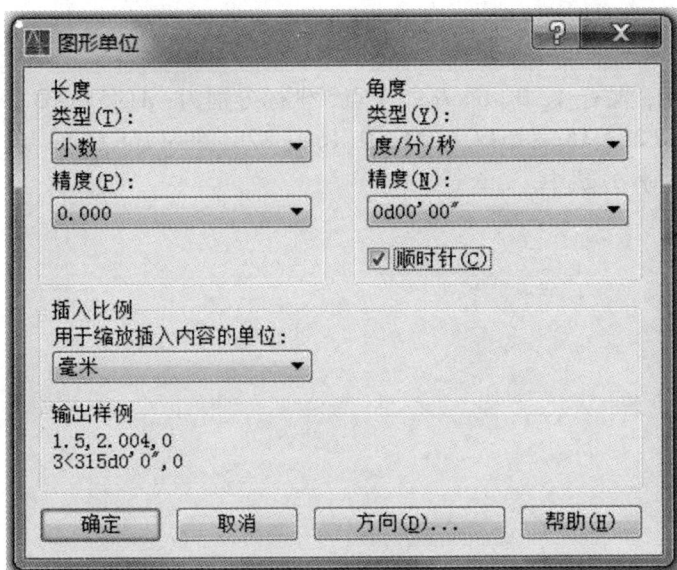

图 1 - 4　AutoCAD 图形单位的设置

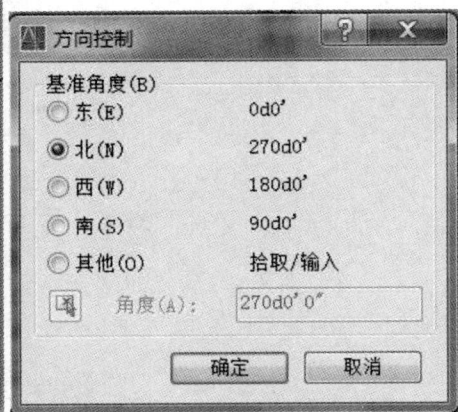

图 1 - 5　AutoCAD 方向控制设置

2. 修改标注样式

类似地,需要将标注样式中的主单位进行相应修改,主要修改小数精度、小数分隔符、角度单位格式、角度精度等几个参数。当然,为了获得比较美观的标注效果,还可适当修改标注符号和文字的大小,如图 1 - 6 所示。

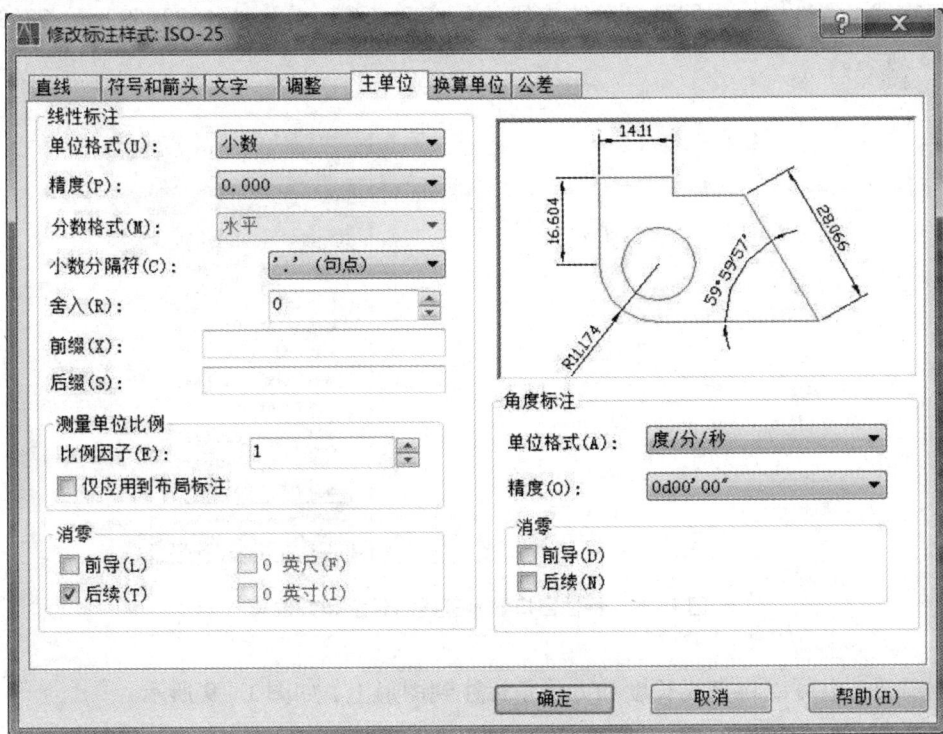

图 1 - 6　AutoCAD 标注样式设置

1.1.3　AutoCAD 作图查询常见操作

操作案例基本资料：如图 1 - 7 所示，现有 A、B、C、D 四个点，坐标分别为：$A(453.333, 783.394)$，$B(1634.581, 1400.219)$，$C(233.152, 1542.612)$，$D(1610.828, 696.168)$，四点已绘制并保存在文档"AutoCAD 作图查询. dwg"中。

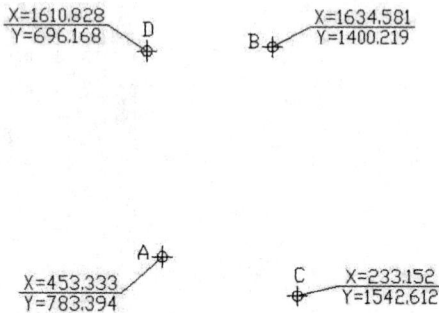

图 1 - 7　操作案例点位的坐标

1. 直线的长度与方位角

【操作 1 - 1】　求 AB 的距离和方位角 α_{AB}。

按点的坐标值绘制直线，注意：测量坐标的 X、Y 值和 AutoCAD 图形系统的 X、Y 值是相反的。

选择直线，特性窗口中即可显示该直线的长度和角度，分别为 1322.599 m、$27°34'22''$，如图 1 - 8 所示。

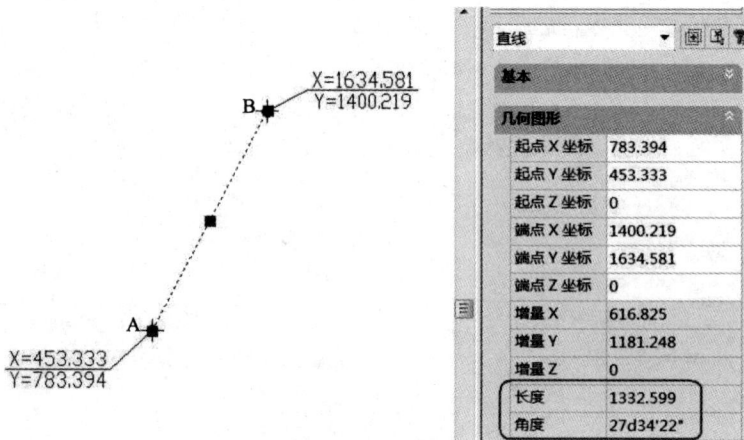

图 1 - 8　特性窗口显示直线的长度和方位角

根据需要，也可以将直线长度和方位角标注到图形上，如图 1 - 9 所示。

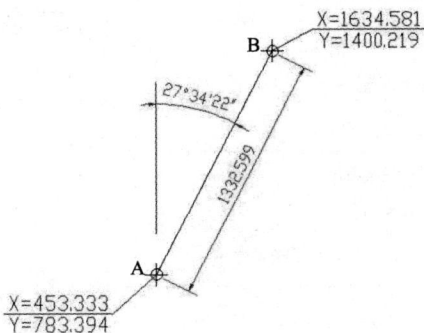

图 1 – 9　标注直线的长度和方位角

2. 两直线的交点坐标与夹角

【操作 1 – 2】　计算直线 *AB* 和直线 *CD* 的交点坐标、夹角。

查询交点坐标，可使用菜单 [工具]—[查询]—[点坐标] 命令，也可在命令窗口直接键入 "ID" 命令。

点位选择要绝对准确，此时必须设置 "对象捕捉" 中的 "交点" 选项。

"ID" 命令查询点位坐标结果是：$X = 1070.051$，$Y = 1002.294$，如图 1 – 10 所示，而作为测量坐标应将 X、Y 坐标互换过来，即：$X = 1002.294$，$Y = 1070.051$。

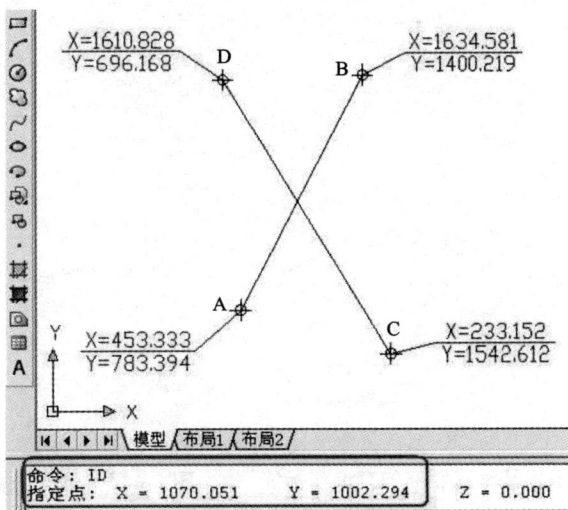

图 1 – 10　查询点位的坐标

两直线夹角，可用角度标注方式标出。

很多情况下，需要在图上标注坐标，AutoCAD 自带的坐标标注不实用，这里可利用 AutoCAD 外挂软件 "常青藤辅助工具系统" 中的菜单命令 [标注]—[绘制坐标标注] 来标注坐标，如图 1 – 11 所示。

标注(D)	修改(M)	查询(L)	文本(T)	打印(P)	图层(L)	操作(D)	帮助(H)

对齐尺寸标注(M)
对齐标注位置(Z)
倾斜尺寸标注(Q)
标注文本宽度(W)
移动标注文本(V)
绘制坐标标注(O)
绘制引线标注(Y)
定物快速标注(E)
定点快速标注(P)
绘制弧长标注(A)

标注用户选择点的坐标值，支持多种坐标模式

----常青藤工作室----

X=1610.828 Y=696.168 D B X=1634.581 Y=1400.219

X=1002.294 Y=1070.051

59°8′21″

X=453.333 Y=783.394 A C X=233.152 Y=1542.612

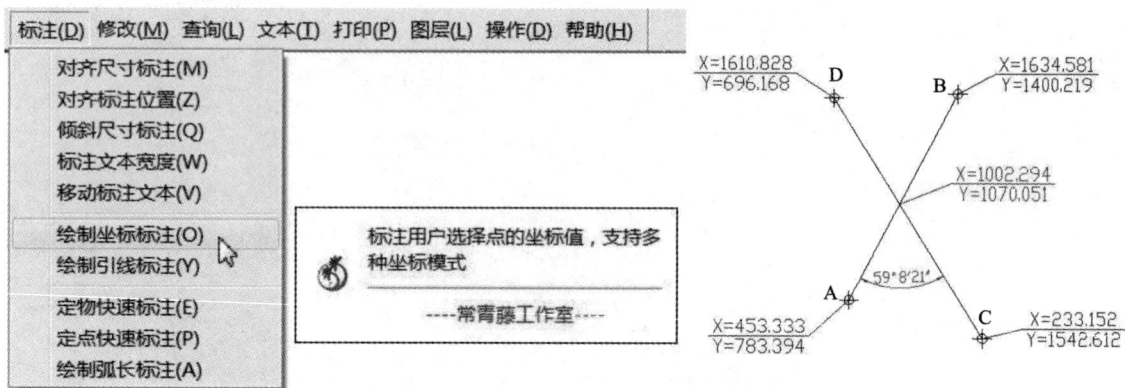

图1-11　点位坐标的查询和标注

3. 点到直线的垂足坐标及距离

【操作1-3】　计算 A 点到直线 CD 的垂足坐标和距离。

在"对象捕捉"中选中"垂足"选项，作 A 点到直线 CD 的垂线，再标注垂足坐标和垂线长度，如图1-12所示。

4. 三点确定圆，计算圆心坐标和及半径

【操作1-4】　计算 A、B、C 三点确定的圆心坐标及其半径。

根据三点绘制圆，在"对象捕捉"中选中"圆心"选项，标注圆心坐标及半径，如图1-13所示。

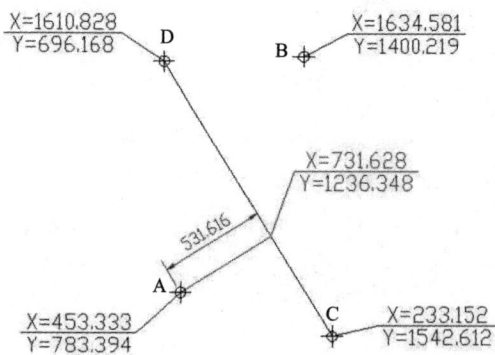

X=1610.828 Y=696.168 D B X=1634.581 Y=1400.219

X=731.628 Y=1236.348

531.616

X=453.333 Y=783.394 A C X=233.152 Y=1542.612

X=1610.828 Y=696.168 D B X=1634.581 Y=1400.219

X=919.511 Y=1330.127

R718.497

X=453.333 Y=783.394 A C X=233.152 Y=1542.612

图1-12　点到直线的垂足坐标及垂线距离的查询和标注　　**图1-13　圆心坐标及半径的查询和标注**

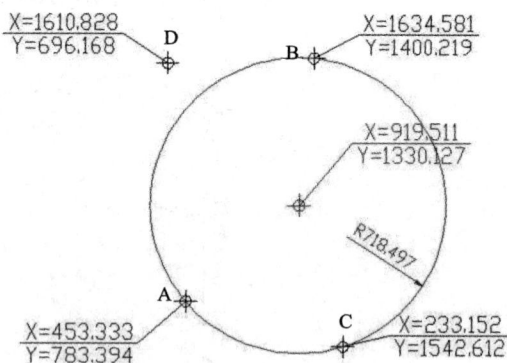

5. 多边形面积和周长

工程中，经常需要计算一块区域的面积和周长，区域通常用多边形来表示，先用全站仪或者 GPS 外业测得多边形顶点的坐标，再计算其面积和周长。

【操作1-5】　计算由 A、C、B、D 四点围成的多边形的面积和周长。

首先用多段线（注意：不是直线）将顶点依次连接，绘制成封闭的多边形。

然后，使用菜单[工具]—[查询]—[面积]命令，或直接键入"AREA"命令，选择"对象

参数(O)",选择多边形,命令窗口即显示多边形的面积和周长,如图 1 - 14 所示。

也可以在选择多边形后,在"特性"窗口中查看多边形的面积和周长,如图 1 - 15 所示。

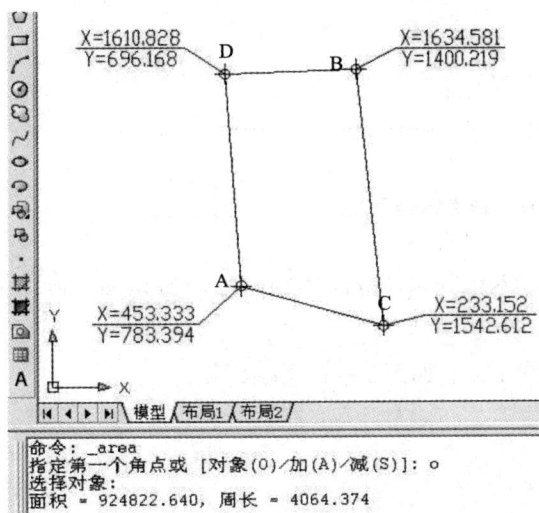

图 1 - 14　多边形面积和周长的计算

图 1 - 15　在特性窗口中查询多边形的面积和周长

1.2　AutoCAD 图形定位

工程的电子图纸,由于出图布局、比例、单位设置等多方面的原因,不一定绝对按测量坐标单位和方向来绘制,此时,需要重新对图形进行定位。此外,在 AutoCAD 中插入外部光栅图像或外部引用时,也需要对图形进行定位。

所谓图形定位,就是使图形对象的坐标系与 AutoCAD 绘图坐标系一致,以便对图形对象细部进行坐标查询提取、面积周长量算等操作。

1.2.1　AutoCAD 图形的定位

在 AutoCAD 中对图形进行定位,操作方法有两种:

(1)依次用移动(MOVE)、旋转(ROTATE)、缩放(SCALE)这三个命令;

(2)使用对齐(ALIGN)命令。

显然,使用对齐命令最便捷。

【操作 1 - 6】　图 1 - 16 所示是大岳高速洞庭湖大桥岳阳岸桥塔基础承台平面图(电子图文档名:桥塔基础承台平面图.dwg),图上所示数字是承台放样点编号。现已知 0、1、2 点的坐标:

0 点: $X = 3255744.020$ m, $Y = 500917.967$ m;

1 点: $X = 3255712.530$ m, $Y = 500890.404$ m;

2 点: $X = 3255775.511$ m, $Y = 500945.531$ m;

试在 AutoCAD 中进行图形定位,提取所有放样点坐标,并在 EXCEL 中汇总。

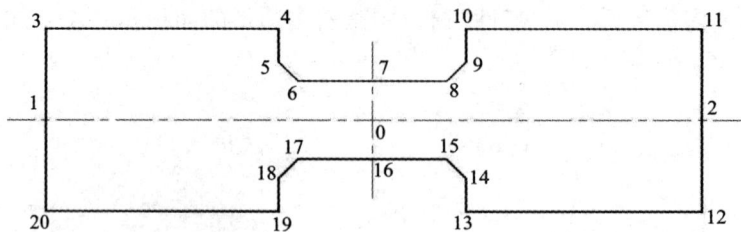

图 1 – 16　桥塔基础承台及放样点编号示意图

　　图形定位，只需要两个已知点即可，本例有三个已知点，可选择相对距离较长的 1 点和 2 点，0 点可在定位完成后用于检核。

　　首先，根据 1 点和 2 点的实际坐标，绘制直线 1′2′，如图 1 – 17 所示。

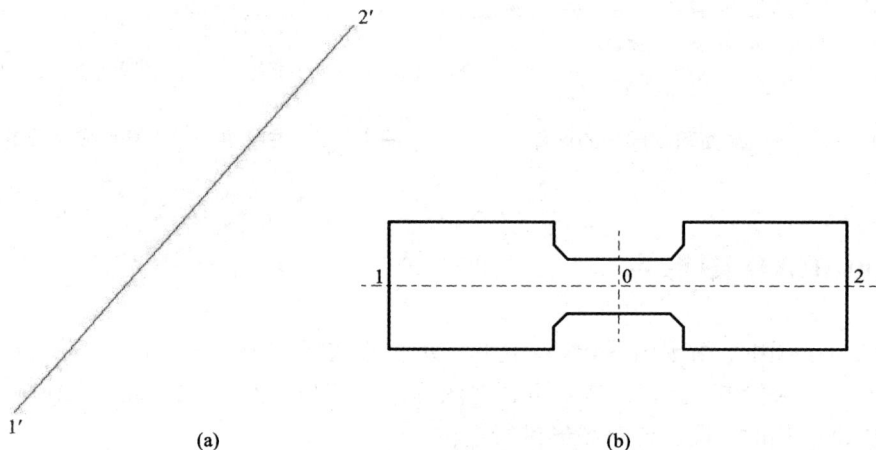

图 1 – 17　根据实际坐标绘制直线

　　输入"ALIGN"命令，先选择对象，将承台图形全部选中，再按命令提示分别点击两个已知点的源点和目标点。这里所谓的"源点"，就是图形未定位前的点的位置，如图 1 – 17(b) 中的 1 点和 2 点，而"目标点"是指该点在 AutoCAD 中正确的位置，如图 1 – 17(a)中的 1′点和 2′点。

　　源点和目标点选择后，当命令提示"是否基于对齐点缩放对象?"时，输入"Y"(是)，至此，图形定位完成。检核定位后的 0、1、2 点坐标，看是否与已知值一致(若差别 1 ~ 2 mm，为计算或绘图误差，属正常现象)。

　　检核无误后，提取各点坐标，汇总到 EXCEL 表格中，编排成规范的报表，如图 1 – 18 所示。

1.2.2　外部光栅图像插入 AutoCAD 的定位

　　虽然现在数字地形图应用已经非常普遍，但同时还存在大量的纸质地形图，为了能利用这些纸质地形图，可以通过扫描获得地形图图片(光栅图像)，再插入到 AutoCAD 中进行定

	A	B	C
1	岳阳岸承台放样点坐标		
2	点号	X	Y
3	0	3255744.021	500917.968
4	1	3255712.530	500890.404
5	2	3255775.511	500945.531
6	3	3255720.269	500881.563
7	4	3255742.843	500901.321
8	5	3255740.044	500904.519
9	6	3255740.278	500908.047
10	7	3255747.314	500914.205
11	8	3255754.349	500920.363
12	9	3255757.877	500920.129
13	10	3255760.676	500916.931
14	11	3255783.250	500936.690
15	12	3255767.772	500954.372
16	13	3255745.198	500934.614
17	14	3255747.997	500931.416
18	15	3255747.763	500927.888
19	16	3255740.727	500921.730
20	17	3255733.692	500915.572
21	18	3255730.164	500915.806
22	19	3255727.365	500919.004
23	20	3255704.791	500899.245

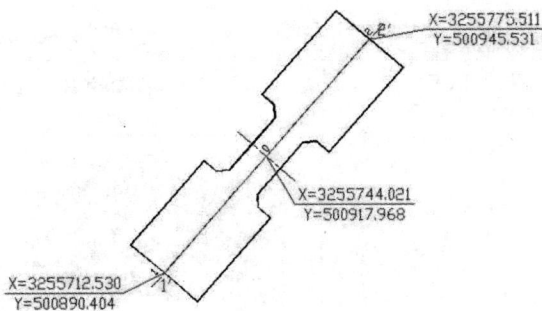

X=3255775.511
Y=500945.531

X=3255744.021
Y=500917.968

X=3255712.530
Y=500890.404

图 1-18　提取准确定位后的图形坐标编制测量放样报表

位,从而可以很方便地查询或提取平面坐标、计算线状地物长度、地块周长和面积等应用操作。

【操作 1-7】　如图 1-19 所示,将一张 1:2000 的地形图图片(电子文件名:地形图.tif)插入到 AutoCAD 中进行图形定位,并查询:

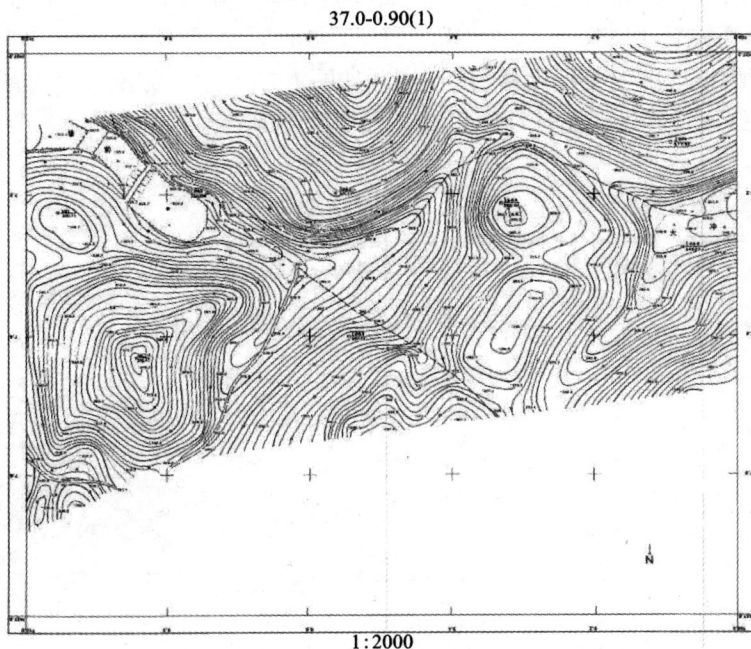

37.0-0.90(1)

1:2000

图 1-19　光栅地形图

（1）图中水塘的面积和周长；

（2）控制点 I062 的坐标。

标准的地形图图纸边缘都印有坐标格网，图中有坐标格网交叉的"十字线"，这些都可以用来做图形定位的已知坐标点。如图 1 - 19 所示，西南角点坐标是 $X = 2837000$ m，$Y = 509000$ m，东北角点坐标是 $X = 2837800$ m，$Y = 510000$ m，格网线间距为 200 m，全图为 5 格（东西）×4 格（南北）。

使用菜单命令[插入]—[光栅图像…]，在弹出的窗体中选择图像文件"地形图.tif"，将选定的地形图插入到 AutoCAD 中，如图 1 - 20 所示。

图 1 - 20　选择图形文件，插入光栅地形图

观察地形图的坐标和指北针，发现图纸的阅读下方为正北方，因此，可将插入到 AutoCAD 的地形图旋转 180°。

下一步，可将地形图的坐标网格绘制出来（如图 1 - 21），一方面可作为图形定位的基准，另一方面可以用于地形图定位的检核（检查坐标格网交叉点）。

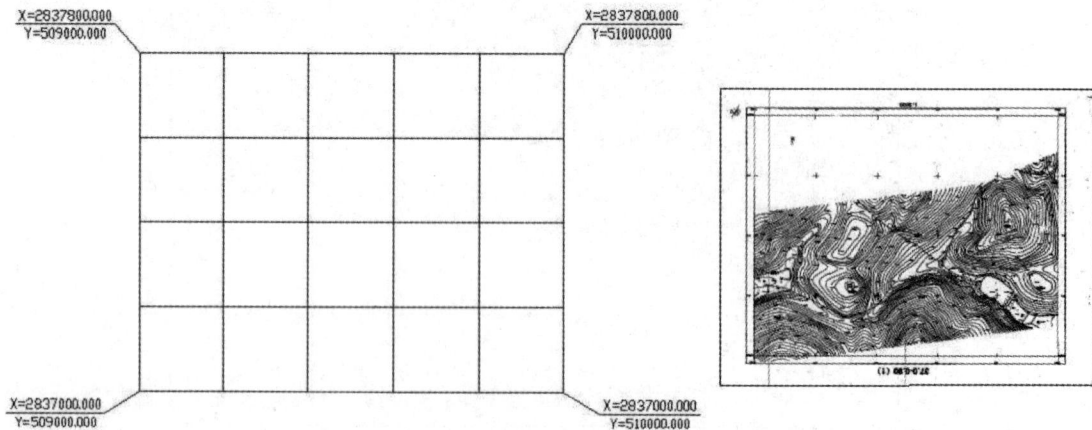

图 1 - 21　绘制地形图的坐标网格

可选择对角的两个坐标点，使用对齐（ALIGN）命令，将地形图定位到坐标格网上（如图1-22）。定位后，检查图形，看图像的坐标点（十字线）与绘制的坐标格网是否重合、一致。一般情况下，由于纸张会卷曲，在使用和扫描等环节，都会出现一定程度的变形（偏差、扭曲等）。

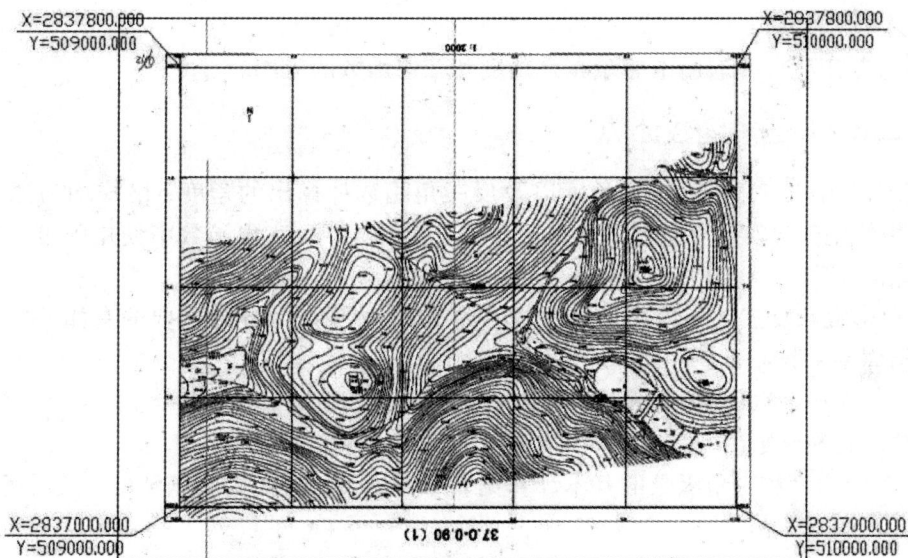

图 1-22　将地形图定位到坐标网格上

最后，在定位后的地形图上查询水塘的面积为 6772 m²，周长为 322 m，控制点 I062 的坐标是 $X = 2837198.5$ m，$Y = 509743.8$ m（图 1-23）。注意：由于图纸存在一定变形，定位也会存在一定误差，每个人查询的结果会有一定差异。

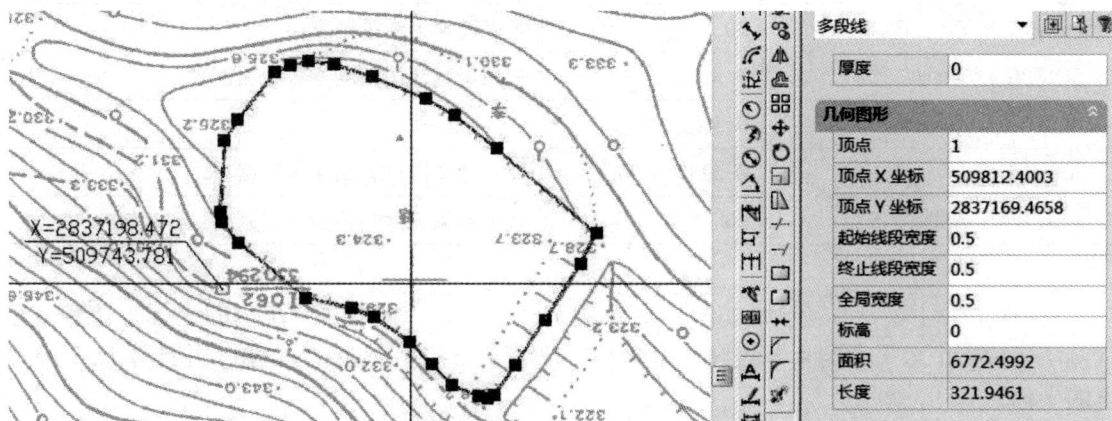

图 1-23　在定位后的地形图上查询水塘的面积、周长和控制点坐标

1.3 EXCEL 角度与坐标计算

电子表格 EXCEL 是微软公司的 OFFICE 办公软件的重要组件，可用于编制表格、进行各种数值的批量计算，还可以利用内置的 VBA 程序进行二次开发自动计算，是工程中使用最广泛的软件之一。

EXCEL 在工程计算应用中的难点是角度和三角函数的应用。

1.3.1 EXCEL 三角函数计算

在 EXCEL 中，三角函数中的角度以及反三角函数计算出的角度，格式均为弧度。由于工程实际中使用度（以及 60 进制的度、分、秒），而 EXCEL 三角函数中使用弧度，两者之间需要进行相互转换。

除三角函数和反三角函数外，EXCEL 中关于角度的函数，比较重要的有如下 3 个：

（1）圆周率常数：PI( )；

（2）角度转换函数（弧度转换成十进制度）：DEGREES( )；

（3）角度转换函数（十进制度转换成弧度）：RADIANS( )。

EXCEL 中角度和三角函数的基本计算见表 1 – 1，使用时需要头脑清醒，灵活运用。

表 1 – 1   EXCEL 中角度和三角函数计算

输入公式	计算结果	说明
= PI( )	3.141592654	圆周率常数，半圆对应的弧度，注意函数后面括号内无参数，但括号不能省略
= PI( )/6	0.523598776	
= RADIANS(30)	0.523598776	十进制度转换为弧度
= DEGREES(PI( )/6)	30	弧度转换为十进制度
= SIN(PI( )/6)	0.5	三角函数使用角度参数为弧度
= SIN(RADIANS(30))	0.5	
= ASIN(0.5)	0.523598776	反三角函数计算结果为弧度
= DEGREES(ASIN(0.5))	30	计算结果弧度转换为十进制度

【操作 1 – 8】　一条支导线如图 1 – 24 所示，已知 B 点坐标及 AB 边的坐标方位角 α_{AB}，观测了图中 4 个水平角与 4 条边长，计算 $B1$、12、23、34 边的坐标方位角，并计算 1、2、3、4 点的坐标。

相关计算公式：

（1）方位角推算公式：

$$\begin{cases} \alpha_{前} = \alpha_{后} + \beta_{左} \pm 180° \\ \alpha_{前} = \alpha_{后} - \beta_{右} \pm 180° \end{cases}$$

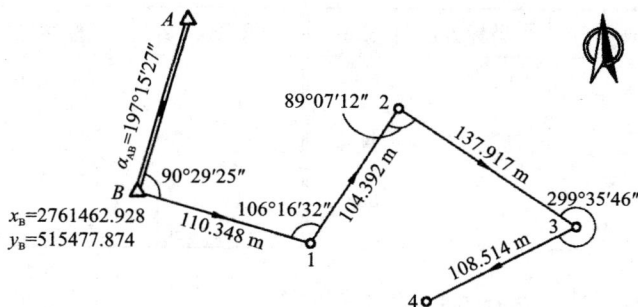

图 1-24　支导线计算示意图

计算口诀是：左加右减，加减 180。其中的加或减 180，保证结果在方位角值域的 0～360°范围内。

（2）坐标推算公式：

$$\begin{cases} x_B = x_A + \Delta x_{AB} \\ y_B = y_A + \Delta y_{AB} \end{cases} \Rightarrow \begin{cases} x_B = x_A + D_{AB} \cdot \cos\alpha_{AB} \\ y_B = y_A + D_{AB} \cdot \sin\alpha_{AB} \end{cases}$$

式中：D_{AB} 为 AB 间的距离（边长）。

在 EXCEL 中进行计算，截图如图 1-25 所示。其中，十进制度中输入度、分、秒（dd°mm′ss″），需按公式" $= dd + mm/60 + ss/3600$ "输入。

	A	B	C	D	E	F	G	H
1	点号	水平角		方位角		距离	坐标	
2		十进制度	弧度	十进制度	弧度		X	Y
3	A							
4	B	90.49027778	1.579353288	197.2575	3.442792849		2761462.928	515477.874
5	1	106.2755556	1.854858359	107.7477778	1.880553484	110.348	2761429.291	515582.970
6	2	89.12	1.555437429	34.02333333	0.593819189	104.392	2761515.812	515641.381
7	3	299.5961111	5.228938565	124.9033333	2.179974413	137.917	2761436.897	515754.489
8	4			244.4994444	4.267320325	108.514	2761390.179	515656.546

图 1-25　在 EXCEL 中计算支导线截图

1.3.2　利用 EXCEL 计算直线距离和方位角

工程中，经常需要根据直线两端点坐标反算直线距离和方位角。

利用勾股定理，直线距离的计算公式为：$D_{AB} = \sqrt{\Delta x_{AB}^2 + \Delta y_{AB}^2}$。在 EXCEL 中，平方根计算函数是：SQRT( )。

直线方位角，通常使用反正切函数 ATAN( ) 来计算，但反正切函数只能计算出象限角 R_{AB}，还需要根据方位角所在的象限，进行二次计算来获得正确的方位角，如图 1-26 和表 1-2 所示。

表 1-2　坐标方位角与象限角关系

象限	坐标增量	坐标方位角公式	象限	坐标增量	坐标方位角公式
I	$\Delta x_{AB} > 0$ $\Delta y_{AB} > 0$	$\alpha_{AB} = R_{AB}$	III	$\Delta x_{AB} < 0$ $\Delta y_{AB} < 0$	$\alpha_{AB} = R_{AB} + 180°$
II	$\Delta x_{AB} < 0$ $\Delta y_{AB} > 0$	$\alpha_{AB} = R_{AB} + 180°$	IV	$\Delta x_{AB} > 0$ $\Delta y_{AB} < 0$	$\alpha_{AB} = R_{AB} + 360°$

由此可见,直线的方位角计算相当繁琐。

然而,在 EXCEL 中,有两个反正切函数,除了 ATAN()之外,还有一个 ATAN2(),该函数括号中的参数有两个,分别是 Δx 和 Δy(注意顺序不能搞反), ATAN2()函数的计算结果区域为 $-\pi \sim \pi$,如果作为中间结果,可以作为方位角直接参与计算,如果要显示输出,则只需将负值加上 2π 即可。可以看出, EXCEL 中的这个 ATAN2()函数与卡西欧 fx-5800P 计算器中的 POL()函数类似。

此外,还有一个数值计算公式可以直接得到方位角:

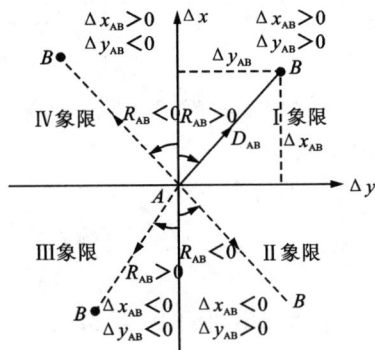

图 1-26　直线方位角所在象限示意图

$$\alpha_{AB} = 180 - 90 \cdot \text{sgn}(\Delta y_{AB}) - \arctan\left(\frac{\Delta x_{AB}}{\Delta y_{AB}}\right)$$

其中,sgn()函数是用于判别参数的正负号的,若括号内的值为负,则返回 -1,为正则返回 1,为 0 则返回 0。

【操作 1-9】　如图 1-27 所示,已知五边形各顶点坐标(标示于图),试在 EXCEL 中列表计算各边距离和方位角。

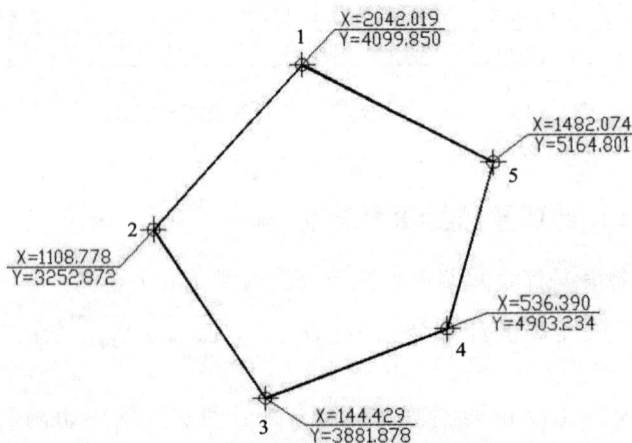

图 1-27　五边形及各顶点坐标示意图

在 EXCEL 中计算的截图如图 1 - 28 所示。

	A	B	C	D	E	F	G	H	I
1	点号	坐标/m		坐标差/m		ATAN2函数计算值/rad	修正后的方位角/rad	十进制度	距离/m
2		X	Y	△X	△Y				
3	1	2042.019	4099.850						
4	2	1108.778	3252.872	-933.241	-846.978	-2.404613016	3.878572291	222.2258228	1260.282
5	3	144.429	3881.878	-964.349	629.006	2.563630524	2.563630524	146.8852093	1151.355
6	4	536.390	4903.234	391.961	1021.356	1.204363234	1.204363234	69.00493033	1093.984
7	5	1482.074	5164.801	945.684	261.567	0.269844077	0.269844077	15.46092676	981.191
8	1	2042.019	4099.850	559.945	-1064.951	-1.086726975	5.196458332	297.7351308	1203.187

图 1 - 28　在 EXCEL 中计算五边形各边方位角和距离截图

1.3.3　EXCEL 中度、分、秒格式及转换

工程中，角度的表示方式都是使用 60 进制的度、分、秒格式，而 EXCEL 中却只能直接使用弧度和十进制度这两种格式。为了兼顾 60 进制的表现形式和角度的计算，实践中一般采取以下三种变通方式：

（1）使用三个单元格，分别输入度、分、秒数字，然后用公式、函数转换为十进制度或弧度；

（2）在单个单元格中输入小数形式的度、分、秒，如 114°30′24″ 输入为 114.3024，再用公式或自定义函数分别提取其度、分、秒数字，转换为十进制度或弧度；

（3）在单个单元格中输入规范的度、分、秒，如 114°30′24″，再用公式或自定义函数分别提取其度、分、秒数字，转换为十进制度或弧度。

总之，在 EXCEL 中处理角度很麻烦。

这里，介绍一种在单个单元格中既能显示度、分、秒，又能直接调用计算的方法。

我们知道，时间中的小时、分、秒就是 60 进制的，和角度的度、分、秒进制完全一致，而 EXCEL 是支持时间格式的，而且，时间格式的单元格数值的单位则是"天"，且 1 天 = 24 h，也就是说，时间格式的单元格数值乘以 24，就相当于是十进制的角度值了。

根据以上思路，我们在 EXCEL 中做一个计算实验操作，见表 1 - 3。

表 1 - 3　时间格式与度、分、秒显示操作实验

时间格式（输入）[h]：mm：ss	日期 + 时间格式 yyyy/m/d h：mm：ss	自定义度、分、秒格式 [h]°mm′ss″	单元格数值/天数	十进制度/（天数×24）
18：29：25	1900/1/0 18：29：25	18°29′25″	0.77042824	18.49027778
30：16：32	1900/1/1 6：16：32	30°16′32″	1.26148148	30.27555556
59：30：00	1900/1/2 11：30：00	59°30′00″	2.47916667	59.5
278：35：46	1900/1/11 14：35：46	278°35′46″	11.60817130	278.5961111

上述方法使用时应注意的几个要点：

（1）单元格格式必须自定义为：[h]°mm′ss″；

（2）度、分、秒数值之间用冒号"："分隔输入，如114°30′24″，输入"114：30：24"，注意冒号"："必须是半角字符，不能是中文全角冒号"："；

（3）牢记度、分、秒单元格数值与十进制角度值之间的关系是24倍数关系；

（4）本方法的缺点是不能显示负数的度、分、秒，但仅仅是不能显示而已，其单元格数值依然可以参与角度的计算。

【操作1－8】中，采用本方法表示角度，重新计算，截图如图1－29所示。

	A	B	C	D	E	F	G	H
1	点号	水平角		方位角		距离	坐标	
2		角度	弧度	角度	弧度		X	Y
3	A							
4	B	90° 29′ 25″	1.579353288	197° 15′ 27″	3.442792849		2761462.928	515477.874
5	1	106° 16′ 32″	1.854858359	107° 44′ 52″	1.880553484	110.348	2761429.291	515582.970
6	2	89° 07′ 12″	1.555437429	34° 01′ 24″	0.593819189	104.392	2761515.812	515641.381
7	3	299° 35′ 46″	5.228938565	124° 54′ 12″	2.179974413	137.917	2761436.897	515754.489
8	4			244° 29′ 58″	4.267320325	108.514	2761390.179	515656.546

图1－29　在EXCEL中计算支导线截图（角度按度、分、秒显示）

1.4　EXCEL和AutoCAD的综合应用技巧

1.4.1　将EXCEL中的多点坐标批量展绘到AutoCAD中

工程中，经常需要将很多已知坐标的点展绘到AutoCAD中，此时，若还采用手工逐个输入坐标的方法展绘点位，则效率低下还极易出错。

利用EXCEL和AutoCAD软件，可实现多点坐标的批量自动展绘，方法如下所述。

通常，在EXCEL中存放有一系列点的X、Y坐标数据，我们利用这些数据生成格式为"Y、X"的坐标数据，注意坐标要反过来，因为AutoCAD绘图坐标与测量坐标是反的。

生成"Y，X"格式的坐标数据需要使用字符串连接命令"&"，具体公式为：Y&"，"&X，其中，Y和X可分别引用存放对应坐标数据的单元格，双引号包含的内容表示字符串。

复制所有点的"Y，X"格式坐标数据，打开AutoCAD，绘制多段线（或者多点），将坐标数据粘贴到命令窗口（注意，不要粘贴到绘图窗口中），即可完成多边形（或多点）的批量展绘。

如果多边形需要闭合，则最后使用多段线命令的"c"参数即可。

【操作1－10】　有一地块，形状不规则，如图1－30所示，利用全站仪测得26个角点坐标，坐标数据存在EXCEL文档"某地块角点测量坐标.xls"中，请根据这些角点坐标计算该地块的面积与周长。

在EXCEL文档中，生成"Y，X"格式的绘图数据，复制该数据，如图1－31所示，在AutoCAD中绘制多段线，粘贴该数据，绘制闭合图形，最后用"AREA"命令查询面积和周长，

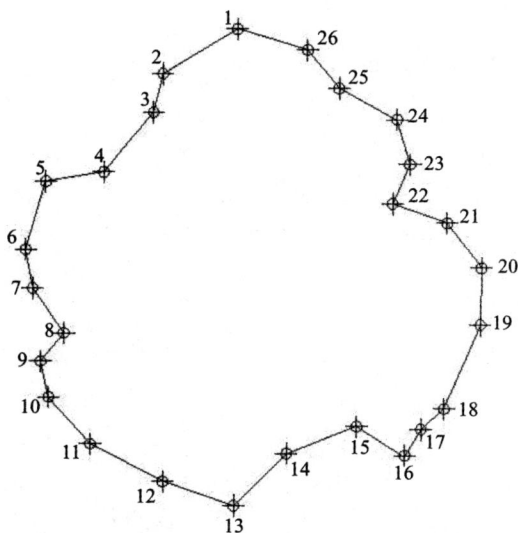

图 1 – 30　某不规则地块及角点编号示意图

如图 1 – 32 所示。

	A	B	C	D
	点号	X	Y	绘图数据
1				
2	1	1972.455	4392.849	4392.849,1972.455
3	2	1912.541	4294.303	4294.303,1912.541
4	3	1861.187	4281.449	4281.449,1861.187
5	4	1780.946	4216.108	4216.108,1780.946
6	5	1768.108	4138.985	4138.985,1768.108
7	6	1677.168	4112.207	4112.207,1677.168
8	7	1625.334	4121.685	4121.685,1625.334
9	8	1565.421	4163.460	4163.46,1565.421
10	9	1527.975	4132.397	4132.397,1527.975
11	10	1479.830	4143.108	4143.108,1479.83
12	11	1417.514	4198.822	4198.822,1417.514
13	12	1367.230	4295.225	4295.225,1367.23
14	13	1335.133	4389.487	4389.487,1335.133
15	14	1404.675	4459.112	4459.112,1404.675
16	15	1441.051	4551.231	4551.231,1441.051
17	16	1400.396	4613.358	4613.358,1400.396
18	17	1436.772	4635.852	4635.852,1436.772
19	18	1464.589	4665.844	4665.844,1464.589
20	19	1576.926	4714.046	4714.046,1576.926
21	20	1652.888	4715.117	4715.117,1652.888
22	21	1713.254	4669.078	4669.078,1713.254
23	22	1738.931	4597.310	4597.31,1738.931
24	23	1791.355	4619.805	4619.805,1791.355
25	24	1851.269	4602.666	4602.666,1851.269
26	25	1893.312	4526.626	4526.626,1893.312
27	26	1944.719	4485.170	4485.17,1944.719

D27 　　fx　=C27&","&B27

图 1 – 31　在 EXCEL 中生成"Y，X"格式的绘图数据

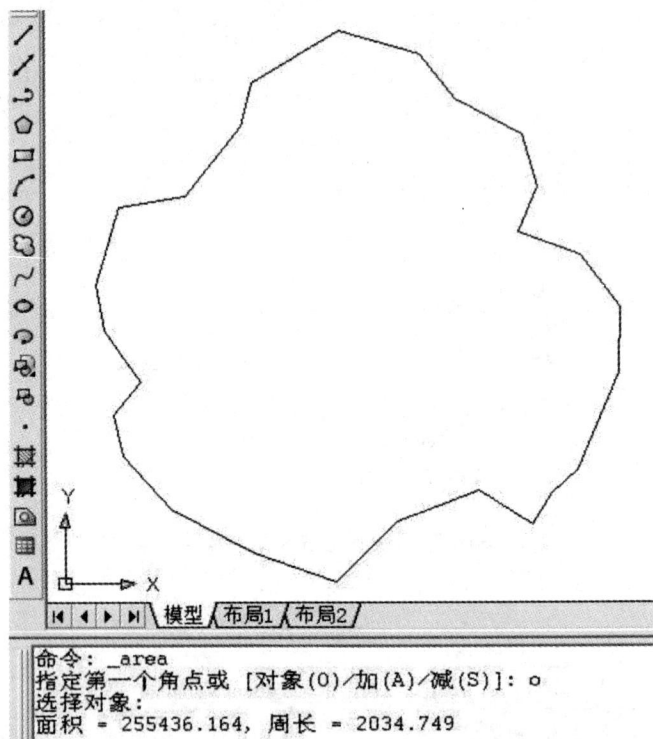

图 1 – 32　在 AutoCAD 中绘制闭合图形并查询面积和周长

1.4.2　批量读取 AutoCAD 图形中的多点坐标到 EXCEL

工程中,有时需要将 AutoCAD 图形中若干点的坐标数据复制到 EXCEL 表格中,虽然可以逐个点查询、复制、粘贴,但如果数量较多,则相当繁琐。

在 AutoCAD 中批量提取坐标,有以下三种比较便捷的方法,可酌情使用。

(1)如图 1 – 33 所示,在"常青藤辅助工具系统"中,"绘制坐标标注"的设置窗口,有个"输出"选项,可将连续绘制的坐标值复制到剪贴板或(和)输出到文本文件。其中,复制到剪贴板上的坐标可以粘贴到 EXCEL 表格中。

这种方法,需要一气呵成,中间不能点错,适用于点数不多且要求同时在图上标注坐标和输出坐标报表的情况。

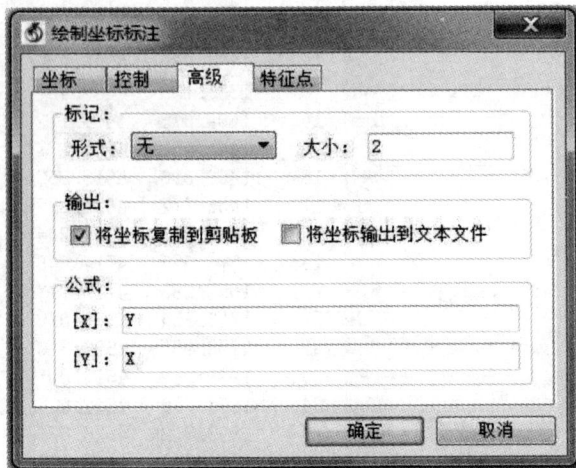

图 1 – 33　"常青藤辅助工具系统"中输出方式选择"将坐标复制到剪贴板"

（2）在 AutoCAD 中，使用多段线将需要输出的点位逐个相连，然后用"LIST"命令输出坐标，将文本复制、粘贴到一个 TXT 文本中，然后利用 EXCEL 的文本导入向导打开，适当编辑即可。

这种方法，可对多段线检查编辑，便于查错，无需安装外挂软件，适用于点位较多的情况，缺点是操作过程稍显繁杂。

（3）利用 EXCEL 编程，可提取 AutoCAD 中的多段线节点坐标，具体介绍见 2.3 节的操作案例。

【操作 1 - 11】　如图 1 - 34 所示（电子文档见"人民路交叉口. dwg"），人民路东延线与东四线交叉口有四条转角边线，分别标示为 A、B、C、D。请按 5 m 的间距提取边线放样坐标，并在 EXCEL 表格中汇总。

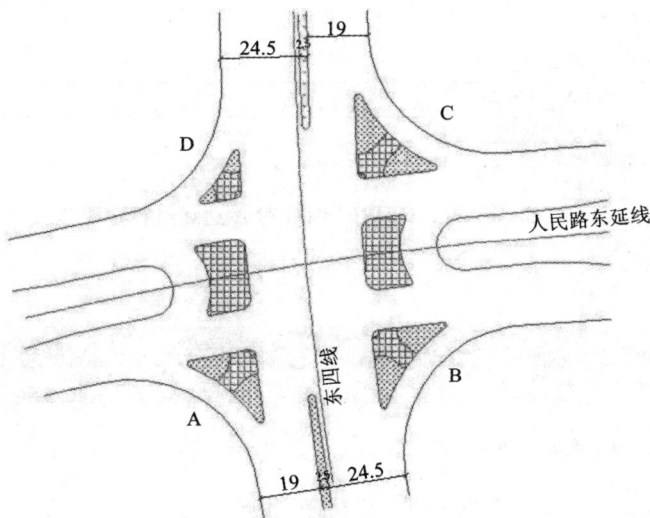

图 1 - 34　人民路东延线与东四线交叉口示意图

由于边线圆滑无角点，只能按合适的间距进行放样，按题目要求，间距取 5 m。以 A 边线为例，具体操作如下：

（1）确定 A 边线是一条完整的多段线，如果不是，使用多段线编辑命令"PEDIT"进行转化或合并；

（2）如图 1 - 35 所示，用"MEASURE"命令（菜单［绘图］—［点］—［定距等分］）对 A 边线进行定距等分绘点，线段长度取 5；

（3）绘制多段线，将等分点（包括边线起、终点）依次连接；

（4）如图 1 - 36 所示，用"LIST"命令，读取定距等分多段线的顶点坐标，结果显示在弹出的"AutoCAD 文本窗口"中；

（5）将窗口中的文本复制、粘贴到一个文本文件中，保存为"A 边线坐标. txt"；

（6）用 EXCEL 打开文本文件"A 边线坐标. txt"，在文本导入向导中，选取分隔符号"空格"、" = "，要保证 X、Y 坐标数据要单独成列（图 1 - 37、图 1 - 38）；

（7）在 EXCEL 中对数据进行适当编辑，如删除无用的字符，X、Y 坐标数据反置等，形成规范的报表，如图 1 - 39 所示。

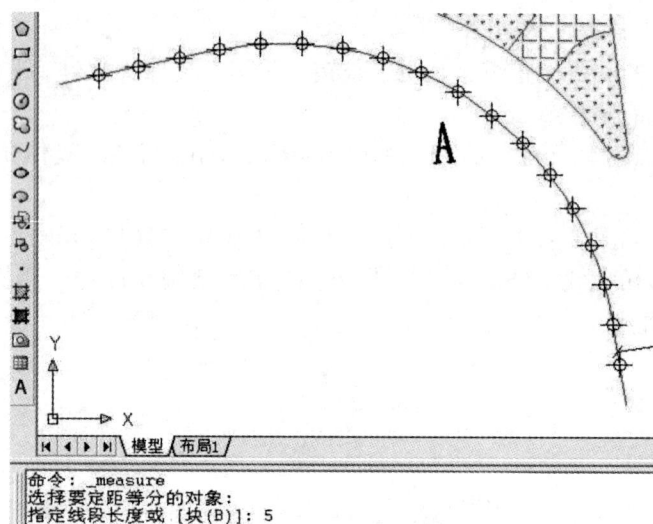

命令: _measure
选择要定距等分的对象:
指定线段长度或 [块(B)]: 5

图 1 – 35   用"MEASURE"命令对 A 边线进行定距等分

AutoCAD 文本窗口 - C:\Users\Administrator\Desktop\人民路交叉口.d...

编辑(E)

命令: LIST
选择对象: 找到 1 个

选择对象:
                LWPOLYLINE   图层: GPSCOMMON
                        空间: 模型空间
                颜色: 7 (白色)   线型: BYLAYER
                        句柄 = 1ba23c
            打开
固定宽度   0.000
        面积   1232.598
        长度   94.776

        于端点   X=60803.578   Y=99189.086   Z=   0.000
        于端点   X=60808.273   Y=99190.172   Z=   0.000
        于端点   X=60813.148   Y=99191.282   Z=   0.000
        于端点   X=60818.027   Y=99192.375   Z=   0.000
        于端点   X=60822.911   Y=99193.446   Z=   0.000
        于端点   X=60827.861   Y=99194.130   Z=   0.000
        于端点   X=60832.857   Y=99194.192   Z=   0.000
        于端点   X=60837.822   Y=99193.630   Z=   0.000
        于端点   X=60842.679   Y=99192.453   Z=   0.000
        于端点   X=60847.350   Y=99190.680   Z=   0.000
        于端点   X=60851.765   Y=99188.339   Z=   0.000
        于端点   X=60855.852   Y=99185.465   Z=   0.000
        于端点   X=60859.550   Y=99182.105   Z=   0.000
        于端点   X=60862.800   Y=99178.309   Z=   0.000
        于端点   X=60865.551   Y=99174.138   Z=   0.000
        于端点   X=60867.761   Y=99169.657   Z=   0.000
        于端点   X=60869.395   Y=99164.935   Z=   0.000
        于端点   X=60870.427   Y=99160.046   Z=   0.000
        于端点   X=60871.188   Y=99155.104   Z=   0.000
        于端点   X=60871.965   Y=99150.165   Z=   0.000

命令:

图 1 – 36   用"LIST"命令读取多段线的顶点坐标

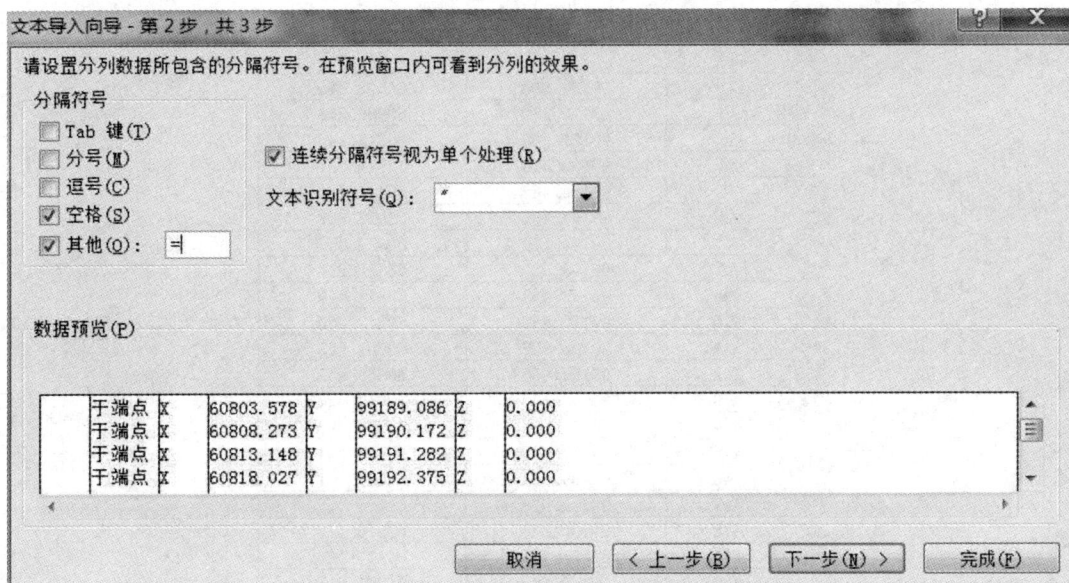

图 1-37　EXCEL 的文本导入向导对话框

	A	B	C	D	E	F	G	H
1		于端点	X	60803.578	Y	99189.086	Z	0
2		于端点	X	60808.273	Y	99190.172	Z	0
3		于端点	X	60813.148	Y	99191.282	Z	0
4		于端点	X	60818.027	Y	99192.375	Z	0
5		于端点	X	60822.911	Y	99193.446	Z	0
6		于端点	X	60827.861	Y	99194.13	Z	0
7		于端点	X	60832.857	Y	99194.192	Z	0
8		于端点	X	60837.822	Y	99193.63	Z	0
9		于端点	X	60842.679	Y	99192.453	Z	0
10		于端点	X	60847.35	Y	99190.68	Z	0
11		于端点	X	60851.765	Y	99188.339	Z	0
12		于端点	X	60855.852	Y	99185.465	Z	0
13		于端点	X	60859.55	Y	99182.105	Z	0
14		于端点	X	60862.8	Y	99178.309	Z	0
15		于端点	X	60865.551	Y	99174.138	Z	0
16		于端点	X	60867.761	Y	99169.657	Z	0
17		于端点	X	60869.395	Y	99164.935	Z	0
18		于端点	X	60870.427	Y	99160.046	Z	0
19		于端点	X	60871.188	Y	99155.104	Z	0
20		于端点	X	60871.965	Y	99150.165	Z	0

图 1-38　在 EXCEL 中通过"文本导入"打开文本文件

1.4.3　提取 AutoCAD 中的表格数据到 EXCEL

工程中，有些设计表格绘制在 AutoCAD 中，需要将这些设计表格中的数据提取到 EXCEL 表格中，以便做进一步的应用。

AutoCAD 表格提取软件有不少，常见的有常青藤辅助工具系统、真实表格 TrueTable 等。

	A	B	C
1	人民路交叉口A边线放样坐标		
2	编号	X	Y
3	A1	99189.086	60803.578
4	A2	99190.172	60808.273
5	A3	99191.282	60813.148
6	A4	99192.375	60818.027
7	A5	99193.446	60822.911
8	A6	99194.130	60827.861
9	A7	99194.192	60832.857
10	A8	99193.630	60837.822
11	A9	99192.453	60842.679
12	A10	99190.680	60847.350
13	A11	99188.339	60851.765
14	A12	99185.465	60855.852
15	A13	99182.105	60859.550
16	A14	99178.309	60862.800
17	A15	99174.138	60865.551
18	A16	99169.657	60867.761
19	A17	99164.935	60869.395
20	A18	99160.046	60870.427
21	A19	99155.104	60871.188
22	A20	99150.165	60871.965

图 1-39　在 EXCEL 中编排成规范的报表

【操作 1-12】 从某立交匝道的电子图纸(文件名：立交匝道.dwg)中提取 A 匝道的主点坐标到 EXCEL 表格。

点击“常青藤辅助工具系统”的[表格]工具栏，选择“复制行列文本”，如图 1-40 所示，框选要复制的表格内容(图 1-41)，再打开 EXCEL，即可粘贴表格数据(图 1-42)。

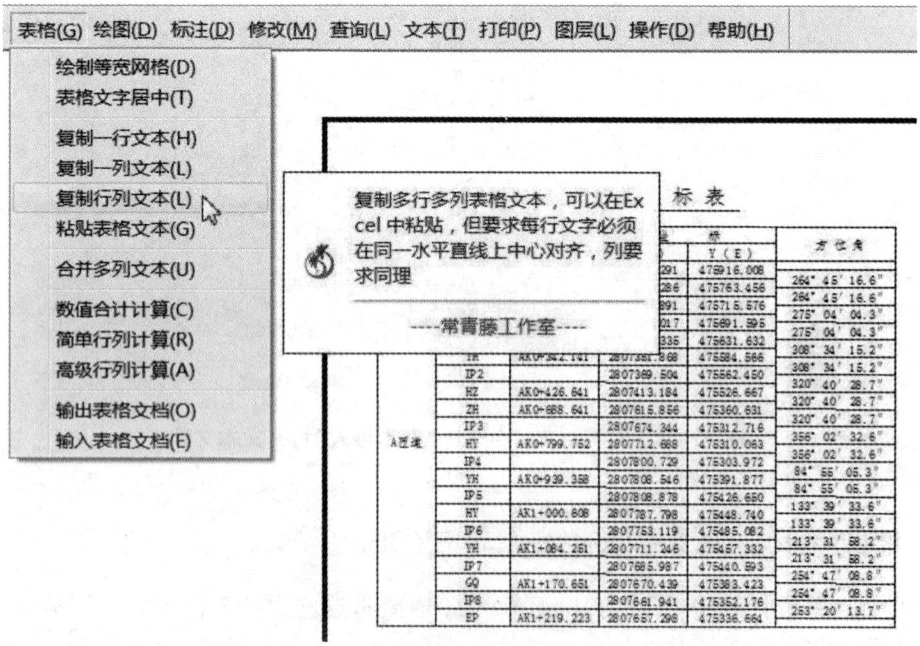

图 1-40　在“常青藤辅助工具系统”中点击“复制行列文本”菜单

主 点 坐 标 表

匝道名称	点　名	桩　号	坐　标		方 位 角
			X（y）	Y（E）	
A匝道	BP	AK0+000	2807325.291	475916.008	264° 45′ 16.6″
	ZH	AK0+153.194	2807311.286	475763.456	264° 45′ 16.6″
	IP0		2807306.891	475715.576	275° 04′ 04.3″
	HY	AK0+225.194	2807309.017	475691.595	275° 04′ 04.3″
	IP1		2807314.335	475631.632	308° 34′ 15.2″
	YH	AK0+342.141	2807351.868	475584.566	308° 34′ 15.2″
	IP2		2807369.504	475562.450	320° 40′ 28.7″
	HZ	AK0+426.641	2807413.184	475526.667	320° 40′ 28.7″
	ZH	AK0+688.641	2807615.856	475360.631	320° 40′ 28.7″
	IP3		2807674.344	475312.716	356° 02′ 32.6″
	HY	AK0+799.752	2807712.688	475310.063	356° 02′ 32.6″
	IP4		2807800.729	475303.972	84° 55′ 05.3″
	YH	AK0+939.358	2807808.546	475391.877	84° 55′ 05.3″
	IP5		2807808.878	475426.650	133° 39′ 33.6″
	HY	AK1+000.608	2807787.798	475448.740	133° 39′ 33.6″
	IP6		2807753.119	475485.082	213° 31′ 58.2″
	YH	AK1+084.251	2807711.246	475457.332	213° 31′ 58.2″
	IP7		2807685.987	475440.593	254° 47′ 08.8″
	GQ	AK1+170.651	2807670.439	475383.423	254° 47′ 08.8″
	IP8		2807661.941	475352.176	253° 20′ 13.7″
	EP	AK1+219.223	2807657.298	475336.664	

图 1 - 41　框选要复制的 AutoCAD 表格内容

	A	B	C	D
1	BP	AK0+000	2807325.291	475916.008
2	ZH	AK0+153.194	2807311.286	475763.456
3	IP0		2807306.891	475715.576
4	HY	AK0+225.194	2807309.017	475691.595
5	IP1		2807314.335	475631.632
6	YH	AK0+342.141	2807351.868	475584.566
7	IP2		2807369.504	475562.45
8	HZ	AK0+426.641	2807413.184	475526.667
9	ZH	AK0+688.641	2807615.856	475360.631
10	IP3		2807674.344	475312.716
11	HY	AK0+799.752	2807712.688	475310.063
12	IP4		2807800.729	475303.972
13	YH	AK0+939.358	2807808.546	475391.877
14	IP5		2807808.878	475426.65
15	HY	AK1+000.608	2807787.798	475448.74
16	IP6		2807753.119	475485.082
17	YH	AK1+084.251	2807711.246	475457.332
18	IP7		2807685.987	475440.593
19	GQ	AK1+170.651	2807670.439	475383.423
20	IP8		2807661.941	475352.176
21	EP	AK1+219.223	2807657.298	475336.664

图 1 - 42　粘贴表格数据到 EXCEL 中

第2章

常用 EXCEL 工程软件的应用实例

2.1 路线坐标及高程的批量计算

路线中线是公路工程中最重要的几何轴线，路基、桥梁、隧道以及其他构造物（如挡墙、护坡、涵洞、边沟等）的施工放样均要以此轴线为基准。路线中线的计算，包括中桩的平面坐标、切线方位角、设计高程的计算，是公路施工中最常见、最基础的计算，通常需要进行大批量的计算。

本节学习操作的工程案例是湖南省 YZ 至 FTL 高速公路的数据资料，相关设计图纸见附录。

本节学习操作采用作者编制的 EXCEL 程序"道路中边桩坐标计算程序 140920. xls"。

2.1.1 路线中桩坐标及切线方位角的计算

打开 EXCLE 文档（程序）"道路中边桩坐标计算程序 140920. xls"，切换到［平面资料］页面，对照湖南省 YZ 至 FTL 高速公路《直线、曲线及转角表》，输入 JD0 ~ JD5 的平面资料，包括交点号、交点坐标、半径、缓和曲线长度、计算起点桩号，如图 2 - 1 所示。

	B	C	D	E	F	G	H	I
1	交点号	X（N）坐标	Y（E）坐标	半径	Ls1	Ls2	桩号	生成直曲表
2	JD0	2810119.434	478835.759				327.34	
3	JD1	2809634.198	478719.736	2600	0	0		
4	JD2	2808358.649	478071.136	871.805	150	130		
5	JD3	2808288.953	477265.868	540	140	130		
6	JD4	2807925.162	476880.645	530	130	130		
7	JD5	2807924.798	476394.418					

图 2 - 1　输入路线平面数据资料

输入完毕后，初步检查无误，点击"生成直曲表"按钮，程序切换到［直曲表］页面，生成直曲表，如图 2 - 2 所示。

此时，程序生成的直曲表与设计文件的直曲表，应仔细进行对照检查，确认无误。可以

直线、曲线及转角一览表

交点号	交点坐标 N (X)	交点坐标 E (Y)	交点桩号	偏角值 左偏	偏角值 右偏	R	Ls1	Ls2	T1	T2	L	E
1	2	2	4	5	6	7	8	9	10	11	12	13
JD0	2810119.434	478835.759	K0+327.340									
JD1	2809634.198	478719.736	K0+826.254		13°30'19.6"	2600	0	0	307.855	307.855	612.857	18.162
JD2	2808358.649	478071.136	K2+254.382		58°06'02.3"	871.805	150	130	559.514	550.002	1024.052	126.539
JD3	2808288.953	477265.868	K2+977.195	38°24'51.8"		540	140	130	258.276	253.881	497.047	33.321
JD4	2807925.162	476880.645	K3+491.934		43°19'05.2"	530	130	130	275.969	275.969	530.703	41.691
JD5	2807924.798	476394.418	K3+956.927									

交点号	曲线主点桩号 ZH	HY	QZ	YH	HZ	直线长度	交点间距	计算方位角
1	14	15	16	17	18	19	20	21
JD0								
JD1	K0+518.399	K0+518.399	K0+824.827	K1+131.256	K1+131.256	191.059	498.914	193°26'50.3"
JD2	K1+694.868	K1+844.868	K2+216.893	K2+588.919	K2+718.919	563.612	1430.981	206°57'09.9"
JD3	K2+718.919	K2+858.919	K2+972.442	K3+085.966	K3+215.966	0.000	808.278	265°03'12.1"
JD4	K3+215.965	K3+345.965	K3+481.317	K3+616.668	K3+746.668	-0.001	529.850	226°38'20.4"
JD5						210.258	486.227	269°57'25.6"

图 2-2　生成"直曲表"

采用倒推法，先检查计算终点桩号，如无误，一般整个计算路段均无误，如有错误，可逐个从终点往起点方向检查。记住，中间某个交点数据输入错误，会导致后面所有的交点桩号计算错误，因此，关键是要找到最先出现错误的那个交点。

由于存在原始数据精度和计算误差等问题，桩号、长度、角度与设计文件有比较轻微的差别（几毫米、几秒），都是可以接受的，不认为是错误。

检查确认无误后，点击"桩号生成"按钮，输入直线段桩距和曲线段桩距（图2-3），这里取程序默认值（直线段 20 m、曲线段 10 m），点击"确定"，程序切换到［坐标计算］页面，自动批量生成计算路段的桩号。

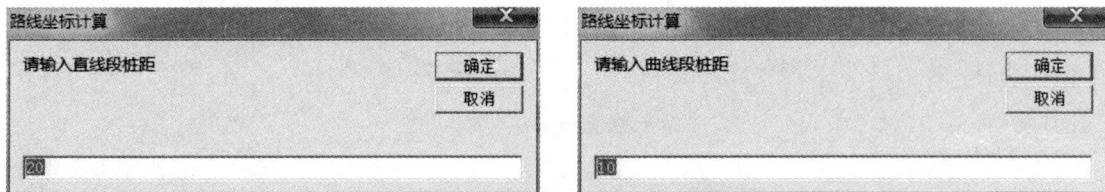

图 2-3　输入直线段和曲线段桩距

点击"中桩坐标计算"按钮，即可批量计算出对应桩号的中桩坐标及切线方位角，如图2-4所示。

	桩　号	中线坐标		切线方位角	高程
		N（X）	E（Y）		
	清除中桩	中桩坐标计算	高程计算		
4	K0+327.34	2810119.434	478835.759	193°26′50.3″	
5	K0+340.	2810107.121	478832.815	193°26′50.3″	
6	K0+360.	2810087.669	478828.164	193°26′50.3″	
7	K0+380.	2810068.218	478823.513	193°26′50.3″	
8	K0+400.	2810048.766	478818.862	193°26′50.3″	
9	K0+420.	2810029.314	478814.211	193°26′50.3″	
10	K0+440.	2810009.863	478809.560	193°26′50.3″	
11	K0+460.	2809990.411	478804.909	193°26′50.3″	
12	K0+480.	2809970.959	478800.258	193°26′50.3″	
13	K0+500.	2809951.508	478795.607	193°26′50.3″	
14	ZH K0+518.399	2809933.613	478791.328	193°26′50.3″	
15	HY K0+518.399	2809933.613	478791.328	193°26′50.3″	
16	K0+520.	2809932.056	478790.955	193°28′57.3″	
17	K0+530.	2809922.336	478788.605	193°42′10.7″	
18	K0+540.	2809912.625	478786.217	193°55′24.0″	
19	K0+550.	2809902.924	478783.793	194°08′37.3″	
20	K0+560.	2809893.232	478781.330	194°21′50.6″	

图2-4　自动批量计算逐桩坐标和切线方位角

中桩桩号，可以通过程序自动生成，也可以手工输入，操作时应注意以下要点：

（1）每个桩号占用一行，如要删除某个桩号，删除该桩号所在的行即可，类似地，要插入一个桩号，先插入一行，再输入桩号；

（2）桩号必须从小到大排列，不可混插，否则可能会出现计算错误；

（3）手工输入桩号时，应以数字形式输入，如"K0+430"输入"430"。

可以根据交点坐标和中桩坐标，在AutoCAD中绘制出公路的中线图，如图2-5所示。

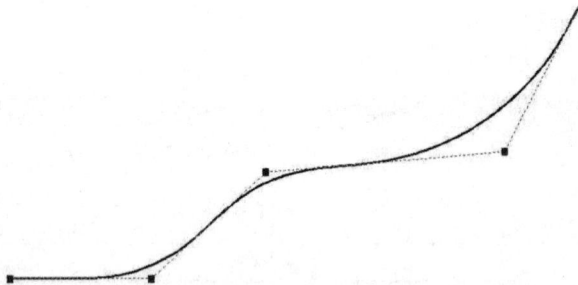

图2-5　根据交点坐标和中桩坐标在AutoCAD中绘制公路中线图

注意，本次计算的中桩坐标中，最后一段路线（K3 + 746.668 ~ K3 + 956.926，长210.258 m）是 JD5 的切线段，不是实际道路中线上的点，必须避免实际使用。为保险起见，路线计算的终点，最好不要选择某个曲线的交点，而是选择道路直线段上的一个点，比如本例可以选择 JD5 的 ZH 点 K3 +746.668 作为计算终点，如图 2 -6 所示。

	A	B	C	D	E	F	G	H	I
1	序号	交点号	X（N）坐标	Y（E）坐标	半径	Ls1	Ls2	桩号	生成直曲表
2	1	JD0	2810119.434	478835.759				327.34	
3	2	JD1	2809634.198	478719.736	2600	0	0		
4	3	JD2	2808358.649	478071.136	871.805	150	130		
5	4	JD3	2808288.953	477265.868	540	140	130		
6	5	JD4	2807925.162	476880.645	530	130	130		
7	6	JD5ZH	2807924.956	476604.676					

图 2 -6　选择 JD5 的 ZH 点作为路段计算终点

2.2.2　路线边桩坐标的计算

湖南省 YZ 至 FTL 高速公路的路基宽度是 24.5 m，左右各 12.25 m，为了进行路基边缘的放样，需要计算逐桩的路基边缘坐标。

路线的边桩坐标，是根据中桩坐标、中桩切线方位角、边桩夹角、边距等要素进行计算的，因此，要计算路线边桩坐标，必须先完成中桩坐标的计算。

在［坐标计算］页面中，分别有左边桩坐标计算和右边桩坐标计算的位置，在中桩坐标计算完成的前提下，再输入距离和右夹角即可计算左、右边桩坐标。

距离均输入 12.25，右夹角输入 90，或者不输入任何数字（程序规定，若边桩正交 90°，可不输入任何数字），点击"边桩坐标计算"按钮，即可计算，计算结果如图 2 -7 所示。

桩号	中线坐标 N(X)	中线坐标 E(Y)	切线方位角	高程	左边桩 距离	右夹角	左边桩 N(X)	左边桩 E(Y)	右边桩 距离	右夹角	右边桩 N(X)	右边桩 E(Y)
K0+327.34	2810119.434	478835.759	193°26'50.3"		12.25		2810116.585	478847.673	12.25		2810122.283	478823.845
K0+340.	2810107.121	478832.815	193°26'50.3"		12.25		2810104.272	478844.729	12.25		2810109.970	478820.901
K0+360.	2810087.669	478828.164	193°26'50.3"		12.25		2810084.821	478840.078	12.25		2810090.518	478816.250
K0+380.	2810068.218	478823.513	193°26'50.3"		12.25		2810065.369	478835.427	12.25		2810071.066	478811.599
K0+400.	2810048.766	478818.862	193°26'50.3"		12.25		2810045.917	478830.776	12.25		2810051.615	478806.948
K0+420.	2810029.314	478814.211	193°26'50.3"		12.25		2810026.466	478826.125	12.25		2810032.163	478802.297
K0+440.	2810009.863	478809.560	193°26'50.3"		12.25		2810007.014	478821.474	12.25		2810012.711	478797.646
K0+460.	2809990.411	478804.909	193°26'50.3"		12.25		2809987.562	478816.823	12.25		2809993.260	478792.995
K0+480.	2809970.959	478800.258	193°26'50.3"		12.25		2809968.111	478812.172	12.25		2809973.808	478788.344
K0+500.	2809951.508	478795.607	193°26'50.3"		12.25		2809948.659	478807.521	12.25		2809954.356	478783.693
ZH K0+518.399	2809933.613	478791.328	193°26'50.3"		12.25		2809930.764	478803.242	12.25		2809936.462	478779.414
HY K0+518.399	2809933.613	478791.328	193°26'50.3"		12.25		2809930.764	478803.242	12.25		2809936.462	478779.414
K0+520.	2809932.056	478790.955	193°28'57.3"		12.25		2809929.200	478802.868	12.25		2809934.912	478779.043
K0+530.	2809922.336	478788.605	193°42'10.7"		12.25		2809919.434	478800.506	12.25		2809925.238	478776.704
K0+540.	2809912.625	478786.217	193°55'24.0"		12.25		2809909.909	478798.108	12.25		2809915.573	478774.327
K0+550.	2809902.924	478783.793	194°08'37.3"		12.25		2809899.930	478795.671	12.25		2809905.917	478771.914
K0+560.	2809893.232	478781.330	194°21'50.6"		12.25		2809890.193	478793.197	12.25		2809896.271	478769.463

图 2 -7　路线边桩坐标计算

本功能，也可以对正交和斜交的桩基、构造物等放样坐标进行计算。

2.2.3 路线设计高程的计算

继续进行平面的计算，完成直曲表第一页的参数输入和计算，计算到 JD11，如图 2-8 所示。

	A	B	C	D	E	F	G	H	I
1	序号	交点号	X（N）坐标	Y（E）坐标	半径	Ls1	Ls2	桩号	生成直曲表
2	1	JD0	2810119.434	478835.759				327.34	
3	2	JD1	2809634.198	478719.736	2600	0	0		
4	3	JD2	2808358.649	478071.136	871.805	150	130		
5	4	JD3	2808288.953	477265.868	540	140	130		
6	5	JD4	2807925.162	476880.645	530	130	130		
7	6	JD5	2807924.798	476394.418	530	130	140		
8	7	JD6	2807677.770	475975.819	715	130	130		
9	8	JD7	2807696.195	475334.276	950	130	150		
10	9	JD8	2806890.074	474134.969	550	160	140		
11	10	JD9	2806895.919	473660.501	830	130	130		
12	11	JD10	2806727.328	473243.502	1111.024	130	150		
13	12	JD11	2806589.242	472018.304					

图 2-8 路线平面资料继续输入

切换到[纵断面]页面，从设计文件"纵断面图"或"纵坡、竖曲线表"中提取变坡点桩号、高程、竖曲线半径等参数，输入到表格中对应位置（图 2-9）。注意，桩号应以数字形式输入，比如，桩号 K4+380，则输入"4380"，确认后，会自动显示为"K#+###"的桩号格式。

	A	B	C	D	E	F	G	H	I
1				参数计算		清除计算结果			
2	序号	变坡点桩号	变坡点高程	半径	坡长	i（%）	L（M）	T（M）	E（M）
3	1	K4+380.	265.070						
4	2	K5+000.	247.090	8000					
5	3	K5+560.	259.970	12000					
6	4	K5+960.	275.770	25000					
7	5	K6+360.	287.370	15000					
8	6	K6+960.	317.070	8000					
9	7	K7+400.	306.950	11320.75					
10	8	K8+100.	272.300	8000					
11	9	K9+060.	294.860	24000					
12	10	K9+720.	320.798	22000					
13	11	K10+420.	339.348						

图 2-9 路线变坡点参数的输入

点击"参数计算"按钮，计算显示竖曲线要素，结果如图 2 – 10 所示。

	A	B	C	D	E	F	G	H	I
1				参数计算		清除计算结果			
2	序号	变坡点桩号	变坡点高程	半径	坡长	i（%）	L（M）	T（M）	E（M）
3	1	K4+380.	265.070						
4	2	K5+000.	247.090	8000	620	-2.900	416.000	208.000	2.704
5	3	K5+560.	259.970	12000	560	2.300	198.000	99.000	0.408
6	4	K5+960.	275.770	25000	400	3.950	262.500	131.250	-0.345
7	5	K6+360.	287.370	15000	400	2.900	307.500	153.750	0.788
8	6	K6+960.	317.070	8000	600	4.950	580.000	290.000	-5.256
9	7	K7+400.	306.950	11320.75	440	-2.300	300.000	150.000	-0.994
10	8	K8+100.	272.300	8000	700	-4.950	584.000	292.000	5.329
11	9	K9+060.	294.860	24000	960	2.350	379.200	189.600	0.749
12	10	K9+720.	320.798	22000	660	3.930	281.600	140.800	-0.451
13	11	K10+420.	339.348		700	2.650			

图 2 – 10　计算竖曲线要素

仔细检查核对竖曲线参数，确认无误。切换到［坐标计算］页面，先完成中桩坐标的计算，再点"高程计算"，即可计算出各桩的设计高程，可以看到，对于没有竖曲线参数的路段，高程计算结果显示" – 1.000"，如图 2 – 11 所示。

	A	B	C	D	E	F
1		清除中桩	中桩坐标计算	高程计算		
2		桩　号	中线坐标		切线方位角	高程
3			N（X）	E（Y）		
392		K4+310.	2807746.418	476081.153	245°57'29.5"	-1.000
393		K4+320.	2807742.408	476071.992	246°45'34.3"	-1.000
394		K4+330.	2807738.526	476062.776	247°33'39.1"	-1.000
395		K4+340.	2807734.774	476053.507	248°21'44.0"	-1.000
396		K4+350.	2807731.152	476044.186	249°09'48.8"	-1.000
397		K4+360.	2807727.660	476034.816	249°57'53.6"	-1.000
398		K4+370.	2807724.300	476025.397	250°45'58.4"	-1.000
399		K4+380.	2807721.072	476015.933	251°34'03.3"	265.070
400		K4+390.	2807717.977	476006.424	252°22'08.1"	264.780
401		K4+400.	2807715.014	475996.873	253°10'12.9"	264.490
402		K4+410.	2807712.186	475987.281	253°58'17.7"	264.200
403		K4+420.	2807709.492	475977.651	254°46'22.5"	263.910
404	QZ	K4+429.69	2807707.011	475968.284	255°32'58.1"	263.629
405		K4+430.	2807706.933	475967.984	255°34'27.4"	263.620
406		K4+440.	2807704.510	475958.282	256°22'32.2"	263.330
407		K4+450.	2807702.223	475948.547	257°10'37.0"	263.040

图 2 – 11　中桩设计高程的计算

2.2 立交匝道及卵形曲线的计算

2.2.1 互通式立交匝道的计算

互通式立体交叉是高速公路和城市快速道路必不可少的组成部分，其主要作用是实现道路之间空间交叉和行车方向的转换。匝道的平面线形要素仍然是直线、圆曲线和缓和曲线，但因匝道通常较短，难以争取到较长的直线段，故多以曲线为主，且曲线线形(圆曲线和缓和曲线)布置相当灵活，经常使用卵形曲线、多心复曲线、S型曲线和复合型曲线，这些线形的设计与计算也相当复杂。

立交匝道的设计和计算一般都采用"积木法"进行，该方法把每条匝道都看成由一个个线形单元(以后简称"线元")依次拼接而成的，线形单元包括直线单元、圆曲线单元或缓和曲线单元。只要已知匝道的起点信息或匝道的终点信息(如曲率半径、坐标值及切线方位角等)，对于任一种线形单元，只要给定必要的线形参数，从匝道的起点开始，利用上述三种曲线单元之一逐段向前拼接，像搭积木一样构造出理想的匝道平面线形，如图2-12所示。一般将每个曲线单元(圆曲线单元、缓和曲线单元)起终点切线的交点标记为"PI"。

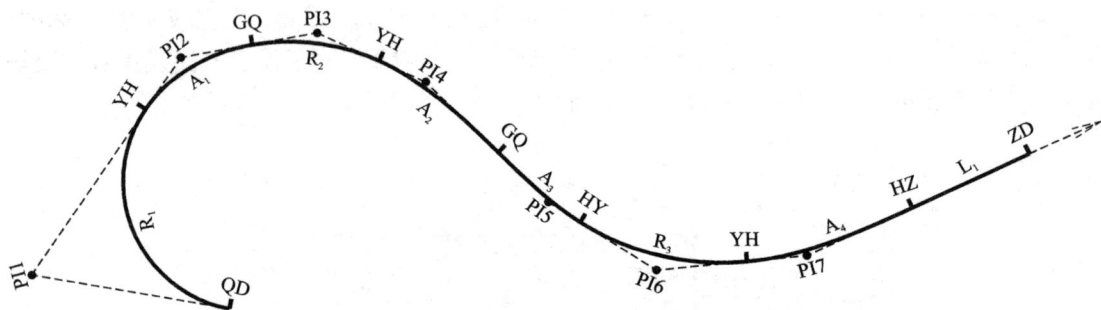

图2-12 用积木法生成的立交匝道平面线型

立交匝道将每个线元作为单独的对象计算其要素和坐标，因此与道路主线的"交点法"相对应，称之为"线元法"。不论何种线元，均采用统一的计算公式。

本节学习操作的工程案例是湖南省YZ至FTL高速公路YZX互通式立交，相关设计图纸见附录。

本节学习操作采用作者编制的EXCEL程序"立交匝道与卵形曲线坐标计算程序.xls"，以A匝道为例，操作方法和流程如下。

1. 程序主界面及各参数含义

程序的主界面如图2-13所示，其中，"节点"工作簿用于输入和计算导线节点参数；"CASIO数据参数"工作簿用于计算并生成匝道的卡西欧计算器匝道程序数据库子程序所需的参数；"中桩坐标"工作簿用于计算匝道中桩坐标以便与设计文件对照检查。

"节点"工作簿各列参数输入方法和注意事项：

图 2 - 13　立交匝道坐标计算程序主界面

第一列："节点"。节点是两种不同线元交界的点，如 ZH、ZY、HZ、GQ、YZ 等特征点都是节点，匝道的起、终点也是节点，注意 QZ 不是节点。这一栏就填节点的名称。

第二列："节点桩号"。节点桩号在立交匝道的设计图表上可以找到，需要强调的是输入时按数字输入，如输入 153.194，回车后会自动显示为 K0 + 153.194 格式，千万不可按桩号格式 K×××+×××的格式输入，否则会出错。

第三、四列："半径 1"、"半径 2"。节点除匝道起、终点外，都是对前后两个线元起承接作用的点，一般情况下，其曲率半径是连续的，但也有例外，如 ZY 点，节点前承直线终点，半径无穷大，后接圆曲线，半径为 R。因此，在节点处曲率半径连续的情况下，就在半径 1 中填写半径值，半径 2 中空着就行（当然填一个与半径 1 一样的值也没事），而当节点处曲率半径不连续的情况下，就分别在半径 1 和半径 2 中相应填写两个不同的半径值。

关于半径值，本程序有以下两个约定：一是曲线左偏的话，半径输入负值，二是当半径无穷大（如直线）时，半径值输入"0"（准确值应为一个无穷大数）。

第五列："偏移"。匝道在某个节点处，由于分、合的原因，可能会有一个偏移，如 YZX 互通式立交 A 匝道在 AK0 + 939.358 的 YH 点处就有一个偏移。对于有偏移的匝道，有的立交匝道设计时，将其分为两条匝道分别考虑，而有的则按一条匝道考虑，如这个 A 匝道就是如此。节点处有偏移，按左偏为负、右偏为正的原则，将偏移值填写在对应的地方，无偏移则不填。

需要说明一下这里关于偏移的基本假定，第一，偏移点必须是正交偏移，即垂直向两侧偏移；第二，切线方位角必须连续，横向偏移后没有方向上的改变。以上这两点，一般立交设计时都会满足，鲜有例外的。

偏移前后半径的确定是一个难点，如偏移发生在曲线部分，则偏移前后的节点半径会相差一个偏移值，但经常有例外，如本例的 A 匝道，偏移前后的半径是一致的，这个在设计文件上没有直接标明，需要根据相关参数验证出来。

第六、七、八列："X 坐标"、"Y 坐标"、"切线方位角"。这三个参数，只填写起始节点的数据，数据一般在设计文件中可找到，有时会出现数据文件中没有直接给定起点方位角的情况，就可根据前后两个坐标反算获得。需要说明的是，角度虽然显示度、分、秒的格式，但输入时必须按"ddd：mm：ss"的方法输入，中间以冒号隔开，如本例的 A 匝道起点方位角输入为：264：45：16.6。

第九列："缓曲参数"。这个参数无需手工输入，对于缓和曲线线元，将会计算出该线元的缓和曲线参数并显示在该列，由于设计图表中都明确标注了缓和曲线参数，因此该参数是用于校核线元输入参数是否准确的重要依据之一。

2. 程序使用步骤

第一步：在"节点"工作簿，输入起点节点各参数和以后各节点的桩号、半径 1、半径 2、偏移等参数，本例输入完成后的界面如图 2 – 14 所示。

	A	B	C	E	G	H	I	J	L
1	匝道	a						参数计算	桩号生成
2	节点	节点桩号	半径1	半径2	偏移	X坐标	Y坐标	切线方位角	缓曲参数
3	BP	K0+000.	0			7325.291	5916.008	264°45′16.6″	
4	ZH	K0+153.194	0						
5	HY	K0+225.194	200						
6	YH	K0+342.141	200						
7	HZ	K0+426.641	0						
8	ZH	K0+688.641	0						
9	HY	K0+799.752	90						
10	YH	K0+939.358	90		2.75				
11	HY	K1+000.608	60						
12	YH	K1+084.251	60						
13	GQ	K1+170.651	0						
14	EP	K1+219.223	-960.55						

图 2 – 14　A 匝道节点原始数据输入

第二步：点击"参数计算"按钮，程序即可计算出各节点的 X、Y 坐标，切线方位角，缓曲参数（若本节点与上一节点组成的线元为缓和曲线则计算显示）等参数（图 2 – 15），这些参数是与设计图表相关参数进行对照检查的重要数据，这一步，可能无法一次性计算准确，需要多次检查、更正原始输入参数（即第一步输入的参数）。

第三步：若计算出的各节点参数无误，点击"桩号生成"按钮，批量生成桩号，并计算其坐标和切线方位角，与设计文件的逐桩坐标进行对照检查（图 2 – 16）。

如果需要使用卡西欧计算器匝道程序，可进入"CASIO 数据参数"工作簿，点击"参数计算"按钮，即可计算出数据库子程序所需的各线元参数（图 2 – 17）。

2.2.2　卵形曲线的判别及计算

1. 卵形曲线及其判别

卵形曲线是一种复合曲线，是路线中两个圆曲线相互连接的一种组合形式。

两个圆曲线相互连接，一般有三种组合形式：S 型曲线、C 型曲线和卵形曲线，如图 2 – 18 所示。

节点	节点桩号	半径1	半径2	偏移	X坐标	Y坐标	切线方位角	缓曲参数
	a						参数计算	桩号生成
BP	K0+000.	0			7325.291	5916.008	264°45′16.6″	
ZH	K0+153.194	0			7311.286	5763.456	264°45′16.6″	
HY	K0+225.194	200			7309.017	5691.595	275°04′04.3″	120.
YH	K0+342.141	200			7351.867	5584.566	308°34′14.5″	
HZ	K0+426.641	0			7413.183	5526.667	320°40′28.0″	130.
ZH	K0+688.641	0			7615.855	5360.630	320°40′28.0″	
HY	K0+799.752	90			7712.687	5310.062	356°02′31.8″	100.
YH	K0+939.358	90		2.75	7805.806	5392.119	84°55′05.2″	
HY	K1+000.608	60			7787.797	5448.739	133°39′33.5″	105.
YH	K1+084.251	60			7711.245	5457.331	213°31′56.9″	
GQ	K1+170.651	0			7670.438	5383.423	254°47′07.6″	72.
EP	K1+219.223	-960.55			7657.296	5336.664	253°20′12.5″	216.

图 2 – 15　A 匝道线元参数计算

匝道	桩号	X坐标	Y坐标	切线方位角
			清除数据	坐标计算
a	K0+000.	7325.291	5916.008	264°45′16.6″
a	K0+002.	7325.108	5914.016	264°45′16.6″
a	K0+004.	7324.925	5912.025	264°45′16.6″
a	K0+006.	7324.742	5910.033	264°45′16.6″
a	K0+008.	7324.560	5908.042	264°45′16.6″
a	K0+010.	7324.377	5906.050	264°45′16.6″
a	K0+012.	7324.194	5904.058	264°45′16.6″
a	K0+014.	7324.011	5902.067	264°45′16.6″
a	K0+016.	7323.828	5900.075	264°45′16.6″
a	K0+018.	7323.645	5898.083	264°45′16.6″
a	K0+020.	7323.463	5896.092	264°45′16.6″
a	K0+022.	7323.280	5894.100	264°45′16.6″
a	K0+024.	7323.097	5892.109	264°45′16.6″

节点　CASIO数据参数　中桩坐标

图 2 – 16　A 匝道逐桩坐标和切线方位角计算

计算器变量	P≤	W Mat B[1,1]	Y Mat B[1,2]	Q Mat B[1,3]	A Mat B[1,4]	B Mat B[1,5]	S Mat B[1,6]	E Mat B[1,7]
								参数计算
1	153.194	7325.291	5916.008	264°45′16.6″	0	0	0	153.194
2	225.194	7311.286	5763.456	264°45′16.6″	0	1÷200	153.194	225.194
3	342.141	7309.017	5691.595	275°04′04.3″	1÷200	1÷200	225.194	342.141
4	426.641	7351.867	5584.566	308°34′14.5″	1÷200	0	342.141	426.641
5	688.641	7413.183	5526.667	320°40′28.0″	0	0	426.641	688.641
6	799.752	7615.855	5360.630	320°40′28.0″	0	1÷90	688.641	799.752
7	939.358	7712.687	5310.062	356°02′31.8″	1÷90	1÷90	799.752	939.358
8	1000.608	7805.806	5392.119	84°55′05.2″	1÷90	1÷60	939.358	1000.608
9	1084.251	7787.797	5448.739	133°39′33.5″	1÷60	1÷60	1000.608	1084.251
10	1170.651	7711.245	5457.331	213°31′56.9″	1÷60	0	1084.251	1170.651
11	1219.223	7670.438	5383.423	254°47′07.6″	0	-1÷960.55	1170.651	1219.223

节点　CASIO数据参数　中桩坐标

图 2 – 17　卡西欧计算器匝道程序数据库参数

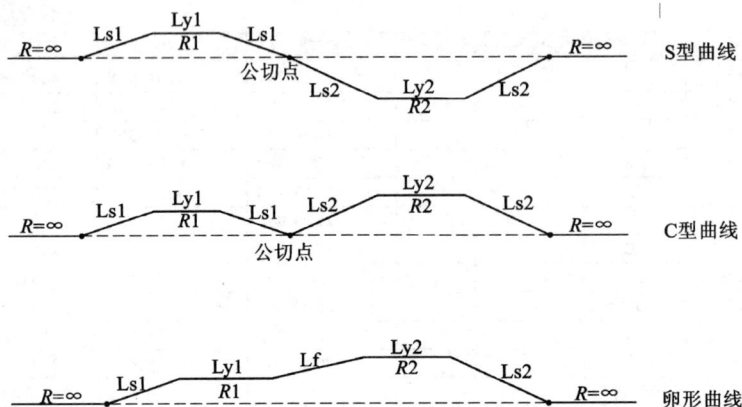

图 2-18 复合曲线的组合形式

其中，S 型曲线是两个反向的基本型曲线直接连接，而 C 型曲线正好相反，是两个同向的基本型曲线直接连接，这两种复合曲线均可以用交点法进行计算。但是，C 型曲线在线型上并不优，而卵形曲线则是一种比 C 型曲线更优的同向复曲线形式。

卵形曲线和 C 型曲线相比，相同之处在于都是同向复曲线，不同之处在于卵形曲线使用了一段不完整缓和曲线 Lf 连接两个不同半径的圆曲线，行成了 ZH1—HY1—YH1—YH2—YH2—ZH2 这样一组六节点/五线元（或单元）的线型组合形式，即为"卵形曲线"。简言之，存在不完整缓和曲线，即为卵形曲线。

卵形曲线在立交匝道和道路主线中都会存在，而交点法不适用于计算卵形曲线，道路主线中如存在卵形曲线，可将路段提取出来，使用线元法的"立交匝道坐标计算程序. xls"进行计算。

湖南省 YZ 至 FTL 高速公路平面，使用交点法程序"道路中边桩坐标计算程序 140920. xls"计算到 JD20 时，计算结果便与设计文件不一致了，主要问题是：①设计文件上有两个 JD20，且第一个 JD20 有两个半径，一个是 1400 m，另一个是 2800 m，后者与第二个 JD20 的半径相同；②第一个 JD20 计算出的曲线要素（如切线长 T）与设计文件不符。

这两个 JD20 组成的曲线是卵形曲线。

从直曲表上判别卵形曲线的标准有如下四个：

（1）卵形曲线一般设两个交点，且两交点曲线转向相同，中间无直线段（直线长为 0），如本例的两个 JD20，均为右转，中间无直线段。

（2）卵形曲线是复合曲线，有两个圆曲线，相应地有两个曲线半径，如两个 JD20，分别设有圆曲线，一个半径是 1400 m，另一个半径是 2800 m。

（3）卵形曲线若用常规的基本型曲线公式计算，其曲线要素会出现错误，如本例第一个 JD20，如按不对称基本型曲线计算，切线长分别为 301.416 m 和 323.660 m，而设计文件上的切线长则分别为 302.154 m 和 277.949 m。

（4）连接两圆曲线的缓和曲线是不完整缓和曲线，不能用完整缓和曲线参数计算公式计算，如第一个 JD20：

第一缓曲参数：$A_1 = \sqrt{R \cdot \mathrm{Ls}_1} = \sqrt{1400 \times 130} = 426.615$ m，为完整缓和曲线；

第二缓曲参数：$A_2 = \sqrt{R \cdot \mathrm{Ls}_2} = \sqrt{1400 \times 180} = 501.996$ m $\neq 709.930$ m，不是完整缓和曲线；

用部分缓曲参数计算公式：$A = \sqrt{\dfrac{L_\mathrm{f} \cdot R_1 \cdot R_2}{\Delta R}} = \sqrt{\dfrac{180 \times 1400 \times 2800}{2800 - 1400}} = 709.930$ m；

由此可以判断，由两个 JD20 组成的曲线，就是卵形曲线。

2. 卵形曲线的计算

由两个 JD20 组成的卵形曲线，右转，桩号 K15 + 347.483 ～ K16 + 472.606，有四个线元：

(1) 第一缓和曲线 Ls_1，K15 + 347.483 ～ K15 + 477.483；

(2) 第一圆曲线 Ly_1，半径 1400 m，K15 + 477.483 ～ K15 + 742.993；

(3) 中间不完整缓和曲线 L_f，从半径 1400 m 变换到 2800 m，K15 + 742.993 ～ K15 + 922.993；

(4) 第二圆曲线 Ly_2，半径 2800 m，K15 + 922.993 ～ K16 + 472.606；

本卵形曲线没有设第二缓和曲线 Ls_2。

在"立交匝道与卵形曲线坐标计算程序. xls"中，切换到"节点"页面，输入相关参数，如图 2 – 19 所示。

	A	B	C	E	G	H	I	J	L
1								参数计算	桩号生成
2	节点	节点桩号	半径1	半径2	偏移	X坐标	Y坐标	切线方位角	缓曲参数
3	ZH	K15+347.483	0			2803299.800	467428.890	180°57′46.5″	
4	ZY	K15+477.483	1400						
5	YH	K15+742.993	1400						
6	HY	K15+922.993	2800						
7	YZ	K16+472.606	2800						

图 2 – 19　卵形曲线节点参数输入

点击"参数计算"按钮，可计算出各节点的坐标和切线方位角，如图 2 – 20 所示。

	A	B	C	E	G	H	I	J	L
1								参数计算	桩号生成
2	节点	节点桩号	半径1	半径2	偏移	X坐标	Y坐标	切线方位角	缓曲参数
3	ZH	K15+347.483	0			2803299.800	467428.890	180°57′46.5″	
4	ZY	K15+477.483	1400			2803169.880	467424.694	183°37′23.1″	426.615
5	YH	K15+742.993	1400			2802908.073	467382.965	194°29′21.2″	
6	HY	K15+922.993	2800			2802736.526	467328.684	200°00′51.0″	709.93
7	YZ	K16+472.606	2800			2802241.818	467091.261	211°15′38.8″	

图 2 – 20　卵形曲线各节点坐标计算

检查各节点（主点）的坐标，看是否与设计文件一致，一般来说，最后节点的坐标如果正确，就表示之前所有节点均计算正确。

点击"桩号生成"按钮,输入桩距 5 m,程序可自动生成逐桩桩号,并切换到"中桩坐标"页面,再点击"坐标计算"按钮,即可完成中桩坐标和切线方位角的计算,如图 2 - 21 所示。

	A	B	C	D	E
1				清除数据	坐标计算
2	匝道	桩号	X坐标	Y坐标	切线方位角
3		K15+347.483	2803299.800	467428.890	180°57′46.5″
4		K15+350.	2803297.283	467428.848	180°57′50.1″
5		K15+355.	2803292.284	467428.763	180°58′18.5″
6		K15+360.	2803287.285	467428.678	180°59′15.3″
7		K15+365.	2803282.286	467428.591	181°00′40.4″
8		K15+370.	2803277.286	467428.501	181°02′33.8″
9		K15+375.	2803272.287	467428.408	181°04′55.6″
10		K15+380.	2803267.288	467428.312	181°07′45.7″
11		K15+385.	2803262.289	467428.211	181°11′04.1″
12		K15+390.	2803257.290	467428.105	181°14′50.9″
13		K15+395.	2803252.292	467427.993	181°19′05.9″
14		K15+400.	2803247.293	467427.875	181°23′49.4″
15		K15+405.	2803242.295	467427.749	181°29′01.1″
16		K15+410.	2803237.296	467427.616	181°34′41.2″
17		K15+415.	2803232.298	467427.474	181°40′49.7″
18		K15+420.	2803227.301	467427.322	181°47′26.4″
19		K15+425.	2803222.303	467427.161	181°54′31.5″
20		K15+430.	2803217.306	467426.989	182°02′04.9″
21		K15+435.	2803212.310	467426.806	182°10′06.7″
22		K15+440.	2803207.313	467426.610	182°18′36.8″
23		K15+445.	2803202.318	467426.402	182°27′35.2″
24		K15+450.	2803197.323	467426.181	182°37′02.0″
25		K15+455.	2803192.328	467425.945	182°46′57.1″
26		K15+460.	2803187.334	467425.695	182°57′20.5″
27		K15+465.	2803182.341	467425.430	183°08′12.2″

图 2 - 21　卵形曲线逐桩坐标和切线方位角计算

"立交匝道和卵形曲线计算程序. xls"采用的是一种以线元为基本单位的计算方式,适用于各种线型组合,是一种"万能程序",常用来计算卵形曲线和立交匝道线路,当然也可以用来计算道路主线。

2.3　建筑桩基坐标的批量提取与检核

建筑物桩基的放样坐标,一般无法通过数值计算的方法批量计算,通常采用在 AutoCAD 设计图中提取坐标的方法获得。

电子文档"某小区 11#栋基础平面布置图. dwg"中,绘制有该建筑桩基布置图(图2 - 22),以该工程为例,讲述建筑桩基坐标的批量提取的操作方法。

操作过程中,需要用到两个 EXCEL 程序:①多段线坐标提取程序. xls;②桩位坐标比对程序. xls。

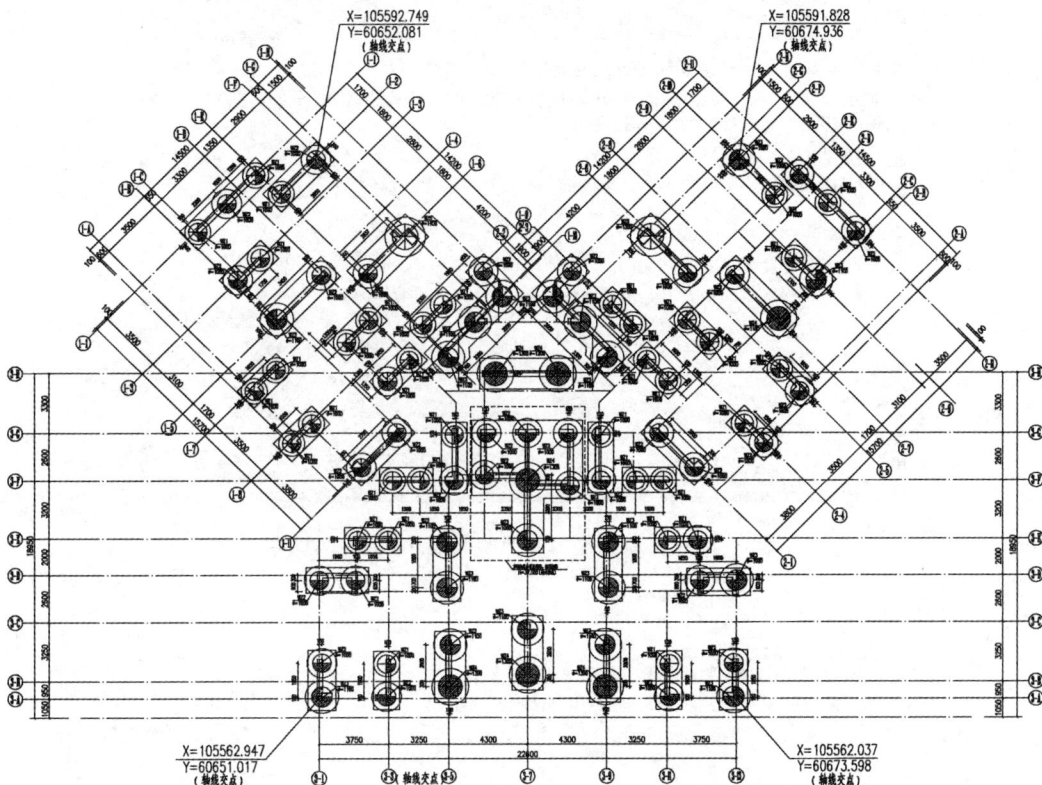

图 2−22　建筑桩基布置示意图

2.3.1　建筑桩基图纸的图形定位

由于 AutoCAD 电子图纸不是施工的正式依据，且有可能产生图纸标注尺寸与实际尺寸不一致的现象，因此首先应对电子图纸上的标注尺寸进行检查，要保证电子图的标注尺寸、绘图尺寸与纸质蓝图的标注尺寸三者完全一致（或在允许误差范围内），否则会产生错误。

接下来要进行图形定位，由于建筑基础设计图的图形元素非常多，为了简化操作，便于选取对象，可以新建一个 AutoCAD 文档，将原设计图作为一个外部参照插入文档中（菜单命令：[插入]—[外部参照…]），如图 2−23 所示，这样，设计图纸只要点击设计图上的任意一个图形元素，即可选取图形全部。

图纸上标注有四个坐标点，我们选左上（$X = 105592.749$，$Y = 60652.081$）、右下（$X = 105562.037$，$Y = 60673.598$）两个点作为图形定位的控制点，使用对齐（ALIGN）命令，完成图形定位，如图 2−24 所示。

对四个已知坐标点进行检查，并随机抽查若干尺寸标注，确保无误。

2.3.2　建筑桩基坐标的提取

该建筑桩基数量多，适合采用多段线连接后再提取多段线顶点坐标。桩基中心坐标均为

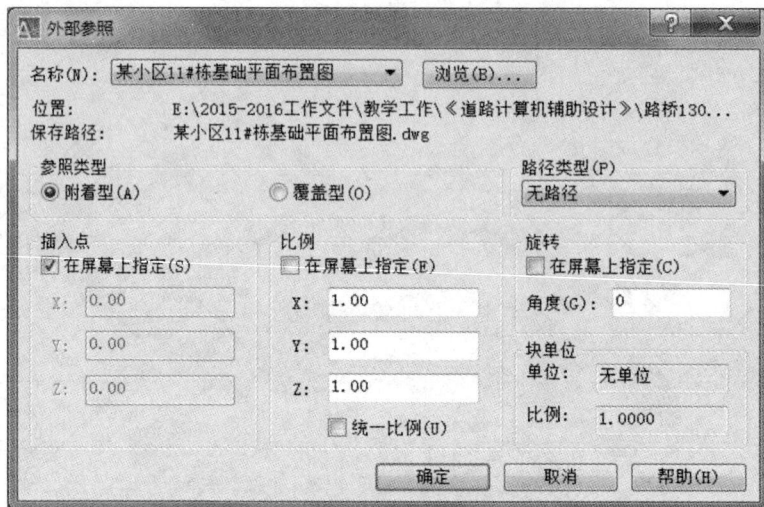

图 2-23 将原图作为外部参照插入 AutoCAD 中

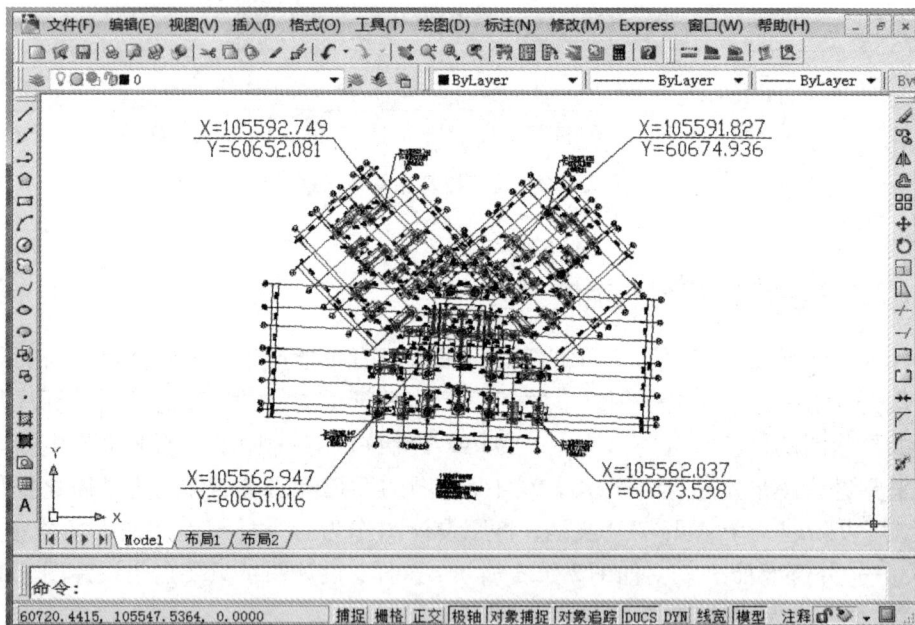

图 2-24 建筑基础设计图的图形定位

圆心，为了提高作图效率，可以采用以下技巧：

(1)将桩基周围其他图形要素所在的层适当关闭一些(使其不显示出来)，比如可关闭名为"柱"的图层(图 2-25)；

(2)对象捕捉选项仅选择"圆心"，避免自动捕捉到其他点(图 2-26)；

(3)将多段线采用明显区别于其他图形的颜色，并采用较粗的线型，本例多段线采用0.1

图 2 - 25　关闭无关图层

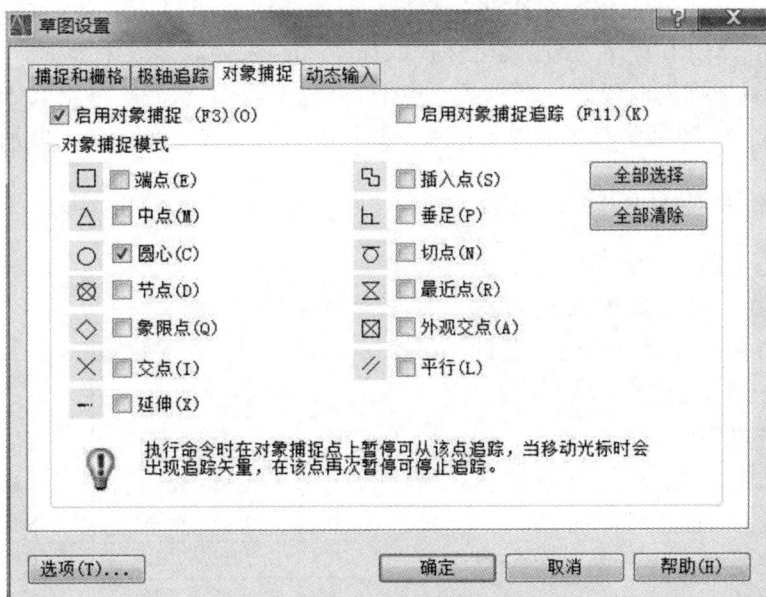

图 2 - 26　自动捕捉仅选定"圆心"

的线宽比较突出(图 2 - 27);

(4)绘制多段线过程中,若发现某点没有点到正确位置,可输入"u"撤回最近的一个点位,并且可以连续撤回,如果多段线绘制中断,无需从头开始,可以接着往下绘制,绘制结束后,用多段线编辑命令连接即可。

多段线连接完成后,还需逐一检查,确保"不漏""不错""不多"。

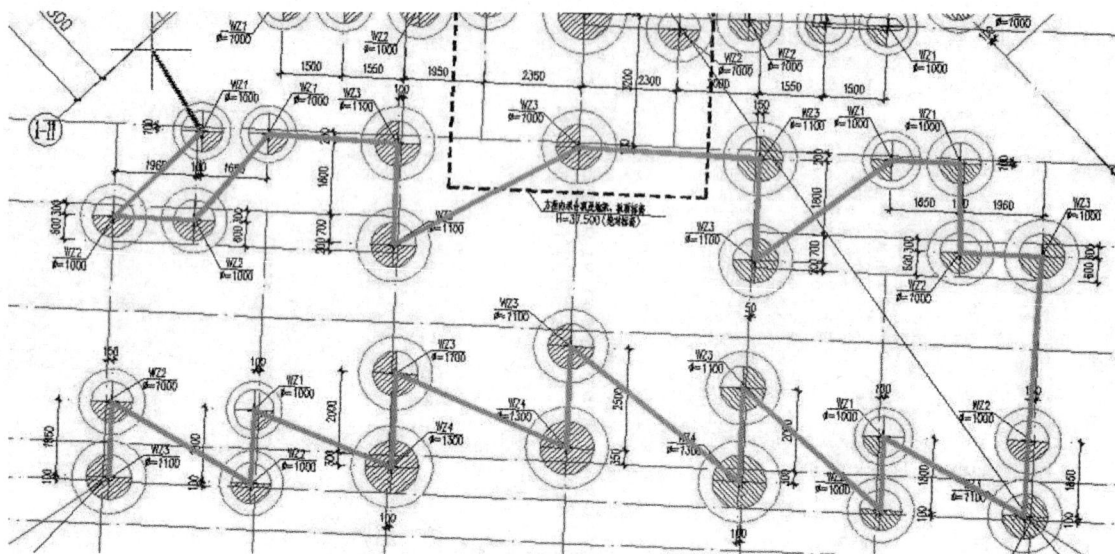

图 2-27　多段线选用显眼的颜色和线宽

　　检查无误后，下一步就提取多段线的坐标，前面介绍过用"LIST"命令提取多段线坐标，这里再介绍使用 EXCEL 程序"多段线坐标提取程序.xls"来提取多段线坐标。

　　打开"多段线坐标提取程序.xls"文件，点击"点取多段线"按钮，再点取 AutoCAD 中连接桩基中心的多段线，即可获取多段线各顶点（桩基中心）的坐标，如图 2-28 所示。

2.3.3　建筑桩基坐标的比对检核

　　在桩基中心多段线绘制完成后，虽然要求仔细检查，但毕竟桩基数量多（本例 97 个，有的多达数百个），设计图纸图形复杂，难免会发生"漏""错""偏"等现象，难以用眼力一一查出，因此有必要采用更加便捷实用的检核方法。

　　采用的方法是独立进行两次坐标提取操作，获得两套坐标数据，然后使用 EXCEL 程序"桩位坐标比对程序.xls"对两套坐标数据进行比对。两次独立的坐标提取操作，可以是同一个操作者先后独立完成，也可以是两个不同的操作者各自独立完成。

　　比对的结果显示在对应的表格中，如图 2-29 所示，无误的显示"OK"，有

序号	X坐标	Y坐标
		点取多段线
1	105563.0412	60651.1703
2	105564.8899	60651.2408
3	105562.9010	60654.6487
4	105564.6983	60654.7212
5	105563.3112	60658.1198
6	105565.6055	60658.2123
7	105563.7912	60662.3596
8	105566.2874	60662.4571
9	105562.9714	60666.5470
10	105565.2658	60666.6395
11	105562.2832	60669.9738
12	105564.0805	60670.0462
13	105562.1430	60673.4522
14	105563.9874	60673.5306

多段线坐标提取　Sheet1

图 2-28　获取多段线各顶点（桩基中心）坐标

问题的会用显眼的红色提示，以便操作者做进一步检查。

	A	B	C	D	E	F	G	H	I	J	K	L	M
1	成果1	王中伟第1次				成果2	王中伟第2次	容许较差/m	0.005		开始比对	清空比对结果	
2	序号	X	Y	比对结果		序号	X	Y	比对结果				
3	1	105563.0412	60651.1703	OK		1	105588.8736	60645.5203	OK				
4	2	105564.8899	60651.2408	OK		2	105590.3653	60647.1373	OK				
5	3	105562.901	60654.6487	OK		3	105591.857	60648.7544	OK				
6	4	105564.6983	60654.7212	OK		4	105590.783	60650.0855	OK				
7	5	105563.3112	60658.1198	OK		5	105592.5832	60652.0299	OK				
8	6	105565.6055	60658.2123	OK		6	105587.2841	60648.819	OK				
9	7	105563.7912	60662.3596	OK		7	105586.1346	60647.5656	OK				
10	8	105566.2874	60662.4571	OK		8	105583.8993	60649.5668	OK				
11	9	105562.9714	60666.547	OK		9	105586.2017	60652.0928					
12	10	105565.2658	60666.6395	OK		10	105586.2075	60654.5762	OK				
13	11	105562.2832	60669.9738	OK		11	105588.1379	60656.6666	OK				
14	12	105564.0805	60670.0462	OK		12	105586.0652	60660.8377	OK				
15	13	105562.143	60673.4521	OK		13	105584.6288	60661.8176	OK				
16	14	105563.9874	60673.5305	OK		14	105583.2912	60660.2635	OK				
17	15	105568.5317	60673.8598	OK		15	105584.3152	60658.5713	OK				
18	16	105568.6107	60671.9014	OK		16	105583.2624	60657.4303	OK				
19	17	105570.8091	60671.89	OK		17	105581.4084	60658.7387	OK				
20	18	105570.8752	60670.2442	OK		18	105581.3509	60656.6119	OK				
21	19	105568.4102	60666.9448	OK		19	105583.6305	60654.5081	OK				
22	20	105570.9078	60667.0455	OK		20	105582.4746	60653.2581	OK				
23	21	105571.1849	60662.6545	OK		21	105580.2232	60655.3972	OK				
24	22	105568.7643	60658.161	OK		22	105578.0645	60651.2145	OK				
25	23	105571.2619	60658.2617	OK		23	105581.1064	60649.4152	OK				
26	24	105571.4869	60655.0708	OK		24	105579.9911	60648.2062	OK				

图 2 - 29　桩位坐标比对

2.4　附合导线的计算

附合导线常用于带状地区和线路工程做平面控制，如公路、铁路、管道等。

图 2 - 30 是一条图根附合导线的略图，已知 AB 边和 CD 边，观测了图中 6 个水平角和 5 条边长。本节用于附合导线计算的程序是"附合导线平差计算 1.0 版"。

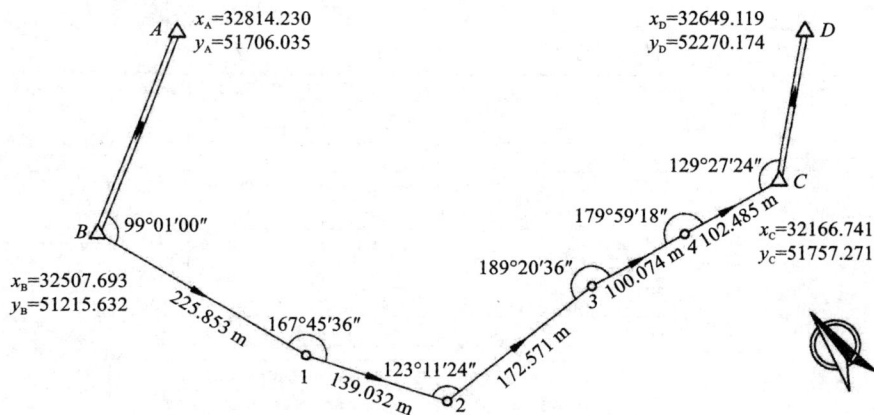

图 2 - 30　某图根附合导线略图

双击"附合导线平差计算 1.0 版",弹出对话框,录入方式选择"手工录入",导线点个数输入"8"(包括已知导线点和待求导线点),如图 2-31 所示。

点击"绘制表格"按钮,在 EXCEL 中自动绘制出附合导线计算表,其中表格中灰色底的单元格需要用户输入已知数据或外业测量数据,如图 2-32 所示。

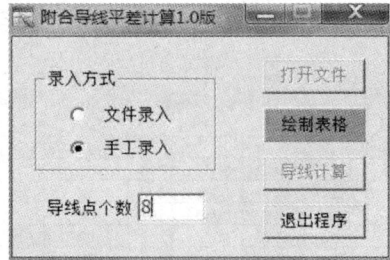

图 2-31 附合导线平差计算参数设定与输入

图 2-32 输入已知数据或外业测量数据

回到"附合导线平差计算 1.0 版"对话框,点击"导线计算"按钮,即可完成导线的平差计算。程序是按一级导线来进行精度判别的,需要手工按实际导线等级(本例为图根导线)的精度要求进行判别,调整后最终计算成果界面如图 2-33 所示。

图 2-33 附合导线最终计算成果截图

2.5 施工坐标转换计算

2.5.1 施工坐标系及坐标转换基本原理

通常，工程在勘察和设计过程中采用的坐标系是高斯投影坐标系，设计文件中表示建筑物位置的坐标，都是在该坐标系下的坐标，称为全局坐标系。在工程建设中，为了简化坐标数值和计算，使坐标具有更加直观、明了的意义，还可建立一套局部坐标系，称为施工坐标系。

施工坐标系一般以建筑物的重要轴线为基准建立，比如在直线型公路、桥梁、隧道中，就以线路中线为施工坐标系的 x 轴，x 坐标等于线路桩号，则 y 坐标就表示距线路中线的垂直距离，左负右正。这样，施工坐标就具有非常直观的几何意义了，比如，要放样桩号 K4 + 500 右侧 10 m 处的点位，其施工坐标即为(4500, 10)，再如，当测得路线附近一点的施工坐标为(4520, -2.5)时，立即可判别其与线路的相对位置为 K4 + 520 左侧 2.5 m 处。

如图 2 - 34 所示，有两套坐标系 xOy 和 $x'O'y'$，其中 xOy 是全局坐标系，$x'O'y'$ 是施工坐标系或局部坐标系。

施工坐标系 $x'O'y'$ 在全局坐标系 xOy 中的位置一般用四个参数来描述：

(1)平移参数两个，即施工坐标系原点 O' 在全局坐标系中的坐标(x_0, y_0)；

(2)旋转参数一个，即施工坐标系的 x' 轴相对于全局坐标系的 x 之间的夹角，记为 α；

(3)缩放参数 k，一般情况下没有缩放，记 $k = 1$。

施工坐标转换为全局坐标的计算公式：

$$\left.\begin{array}{l} x_P = x_0 + x'_P\cos\alpha - y'_P\sin\alpha \\ y_P = y_0 + x'_P\sin\alpha + y'_P\cos\alpha \end{array}\right\}$$

图 2 - 34 全局坐标系与施工(局部)坐标系

全局坐标转换为施工坐标的计算公式：

$$\left.\begin{array}{l} x'_P = (x_P - x_0)\cos\alpha + (y_P - y_0)\sin\alpha \\ y'_P = -(x_P - x_0)\sin\alpha + (y_P - y_0)\cos\alpha \end{array}\right\}$$

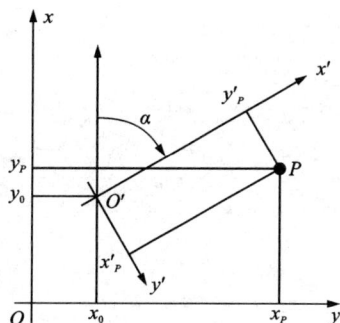

2.5.2 施工坐标转换计算

施工坐标转换计算，采用作者编写的 EXCEL 程序"施工坐标转换程序. xls"来完成。

某独立特大桥，桥梁全长为 2180. 32 m，其中直线段有 1653. 688 m，占 76%，是以直线为主的工程建筑物，完全可以建立以直线段轴线为 x 轴，以桩号为 x 坐标、边距为 y 坐标的施工坐标系。

施工坐标转换计算，主要包括：①计算坐标转换参数；②全局坐标转换为施工坐标；③施工坐标转换为全局坐标。

1. 坐标转换参数的计算

在进行全局坐标和施工坐标相互转换计算之前，首先需要计算出坐标转换参数，即旋转参数、平移参数和缩放参数。计算坐标转换参数需要两个公共点，即同时已知全局坐标和施工坐标的点。

独立特大桥项目的直线段起止桩号是 K20 + 104.323 ~ K21 + 758.011，相应的全局坐标根据《逐桩坐标表》或者计算获得，同时，根据施工坐标系的建立准则，很容易得到这两个点的施工坐标系坐标，即：x 坐标等于其桩号，y 坐标为0（位于直线段上的中桩，偏距为0），见表2－1。

表2－1 项目直线段起终点的全局坐标和施工坐标

序号	桩号	全局坐标/m		施工坐标/m		备注
		x	y	x'	y'	
1	K20 + 104.323	3204194.293	500272.313	20104.323	0	直线起点
2	K21 + 758.011	3205797.715	499867.687	21758.011	0	直线终点

打开“施工坐标转换程序”，在公共点资料中填上两个公共点的全局坐标和施工坐标，点击“参数计算”按钮，即可计算出相应的坐标转换参数，如图2－35所示。

公共点资料：

点号	施工坐标		全局坐标	
	x	y	x'	y'
1	20104.323	0.000	3204194.293	500272.313
2	21758.011	0.000	3205797.715	499867.687

坐标转换参数：　参数计算

参数名	参数值	参数名	参数值
平移参数 x0	3184701.067	旋转参数 α	345°50′13.27″
平移参数 y0	505191.458	尺度参数k	1.00000006

图2－35 计算坐标转换参数

2. 全局坐标转换为施工坐标

需要将所有控制点坐标（全局坐标）转换为施工坐标系下的坐标，以便在施工测量和放样时使用。项目的控制点坐标见表2－2。

表2－2 项目控制点的全局坐标

序　号	点　名	全局坐标/m	
		x	y
1	NZDI	3204320.519	500056.400
2	NZD2	3204494.141	500441.658
3	ZD7 －1	3204818.661	500121.369
4	BZD6	3205740.346	500062.746
5	CD21	3205670.212	499863.176
6	BZD5	3205629.128	499718.376
7	BZD4	3205259.350	499844.086

续表2-2

序　号	点　　名	全局坐标/m	
		x	y
8	BZD3	3205290.864	500145.291
9	ZD7	3204793.366	500001.834

在施工坐标转换程序的"全局坐标→施工坐标"计算区域中,将所有控制点的全局坐标输入到相应的位置,点击该计算区域的"坐标计算"按钮,即可计算出所有控制点在施工坐标系下的坐标,如图2-36所示。

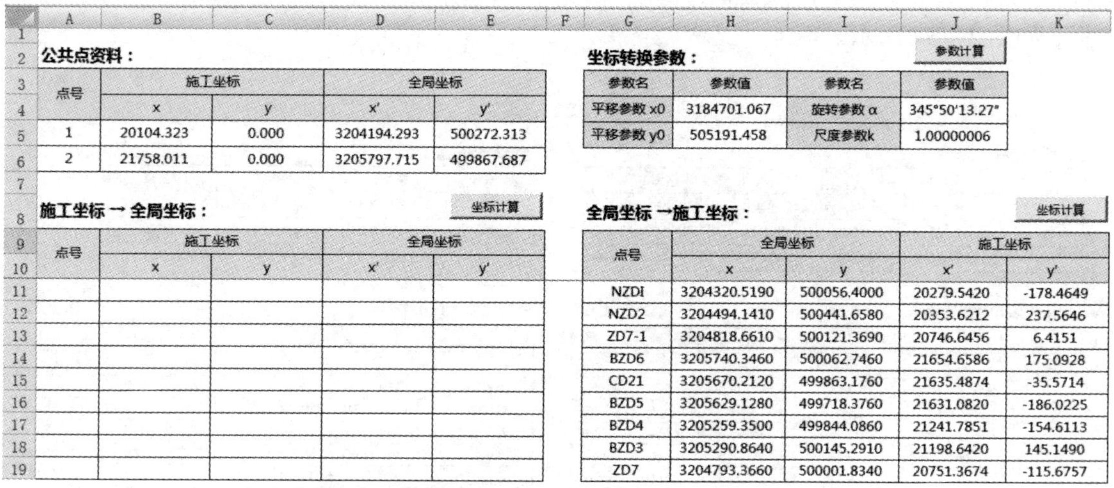

图2-36　将控制点的全局坐标转换成施工坐标

3. 施工坐标转换为全局坐标

有时候,施工坐标系下的测量结果(见表2-3)需要转换为全局坐标。

表2-3　需要转换为全局坐标的施工坐标

序　号	施工坐标/m	
	x	y
1	19917.827	-16.173
2	19988.690	11.145
3	20328.040	140.836
4	20124.898	-23.243
5	20370.440	-91.974
6	20745.579	-12.242

续表 2-3

序号	施工坐标/m	
	x	*y*
7	21216.679	35.869
8	21260.645	-62.342
9	21679.060	12.586
10	21647.274	-148.591

类似地，在施工坐标转换程序的"施工坐标→全局坐标"计算区域中，将需要转换的施工坐标输入到相应的位置，再点击该计算区域的"坐标计算"按钮，即可将施工坐标转换为全局坐标，如图 2-37 所示。

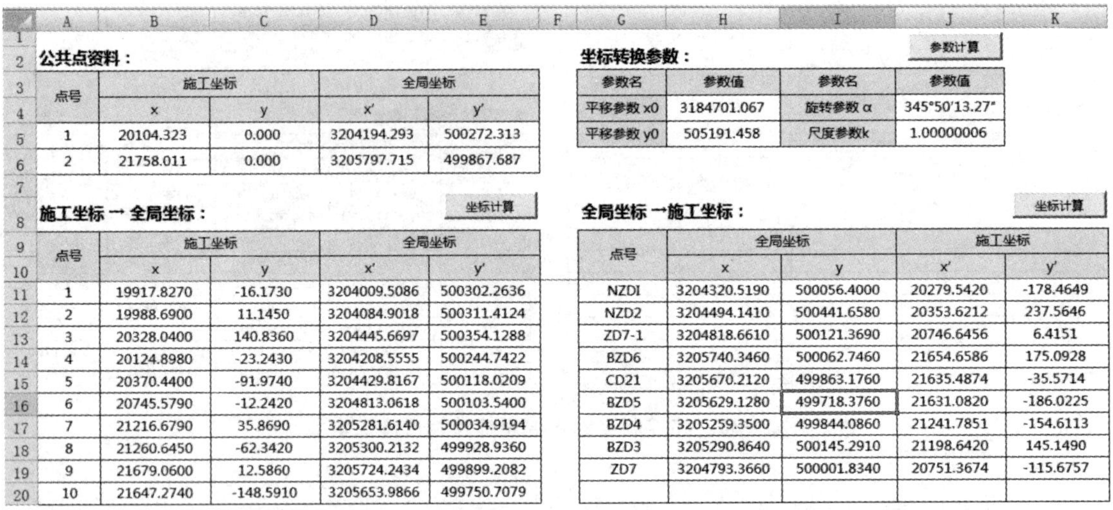

公共点资料：

点号	施工坐标		全局坐标	
	x	y	x'	y'
1	20104.323	0.000	3204194.293	500272.313
2	21758.011	0.000	3205797.715	499867.687

坐标转换参数：　参数计算

参数名	参数值	参数名	参数值
平移参数 x0	3184701.067	旋转参数 α	345°50′13.27″
平移参数 y0	505191.458	尺度参数k	1.00000006

施工坐标 → 全局坐标：　坐标计算

点号	施工坐标		全局坐标	
	x	y	x'	y'
1	19917.8270	-16.1730	3204009.5086	500302.2636
2	19988.6900	11.1450	3204084.9018	500311.4124
3	20328.0400	140.8360	3204445.6697	500354.1288
4	20124.8980	-23.2430	3204208.5555	500244.7422
5	20370.4400	-91.9740	3204429.8167	500118.0209
6	20745.5790	-12.2420	3204813.0618	500103.5400
7	21216.6790	35.8690	3205281.6140	500034.9194
8	21260.6450	-62.3420	3205300.2132	499928.9360
9	21679.0600	12.5860	3205724.2434	499899.2082
10	21647.2740	-148.5910	3205653.9866	499750.7079

全局坐标 →施工坐标：　坐标计算

点号	全局坐标		施工坐标	
	x	y	x'	y'
NZDI	3204320.5190	500056.4000	20279.5420	-178.4649
NZD2	3204494.1410	500441.6580	20353.6212	237.5646
ZD7-1	3204818.6610	500121.3690	20746.6456	6.4151
BZD6	3205740.3460	500062.7460	21654.6586	175.0928
CD21	3205670.2120	499863.1760	21635.4874	-35.5714
BZD5	3205629.1280	499718.3760	21631.0820	-186.0225
BZD4	3205259.3500	499844.0860	21241.7851	-154.6113
BZD3	3205290.8640	500145.2910	21198.6420	145.1490
ZD7	3204793.3660	500001.8340	20751.3674	-115.6757

图 2-37　将施工坐标转换为全局坐标

2.6　谷歌地球路径坐标的提取、转换及 AutoCAD 成图

2.6.1　谷歌地球及其点位表示

谷歌地球(google earth, GE)是 Google 公司开发的一款虚拟地球软件，它把卫星照片、航空照相和 GIS 布置在一个地球的三维模型上。用户可以通过谷歌地球软件浏览全球各地的高清晰度卫星图片，如图 2-38 所示是湖南交通职业技术学院干杉校区在谷歌地球上的卫星图。

谷歌地球使用两种坐标系统来表示点的平面位置，一是 WGS 84 大地坐标系(经纬度)，二是通用横轴墨卡托投影(UTM)，设置方法是：点击下拉菜单[工具]—[选项]，在弹出的对

图 2-38 湖南交通职业技术学院干杉校区在谷歌地球上的卫星图

话框中，选择"3D 视图"页面，在"显示纬度/经度"中设置，通常习惯设置为"度、分、秒"，如图 2-39 所示。

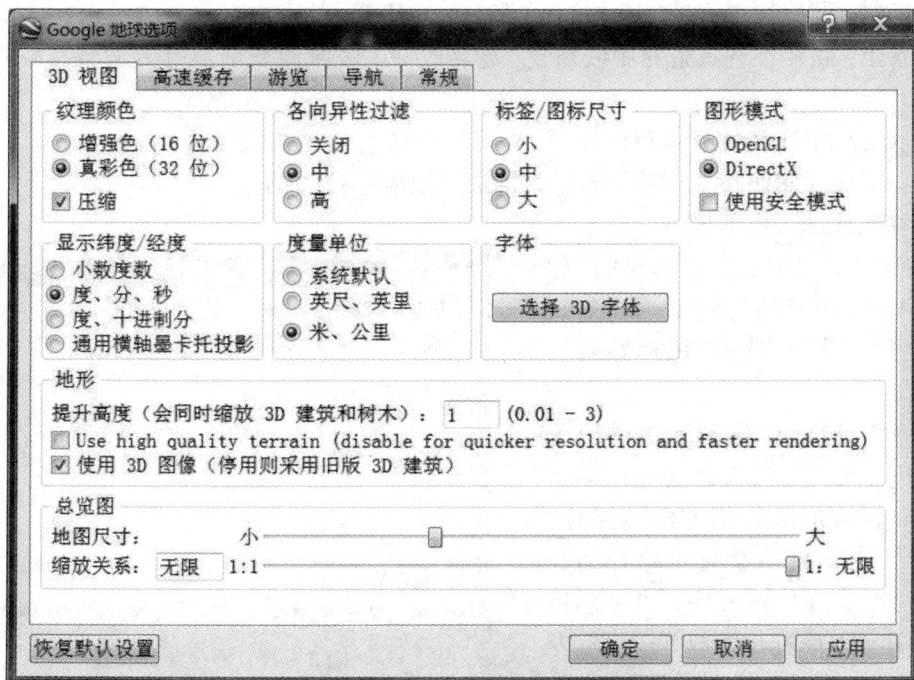

图 2-39 谷歌地球设置

当鼠标在图上移动时，软件下方信息栏会实时显示鼠标所在位置的经、纬度及海拔高程，据此可查询地球上任意位置的经、纬度。当已知某个位置的经、纬度时，可以以添加地标的方式，在地球上快速找到该位置。如：湖南交通职业技术学院干杉校区的经、纬度为：东经 113° 10′ 48.58″，北纬 28°8′38.79″，点击下拉菜单［添加］—［地标］，在弹出的对话框中，分别填入名称、纬度、经度及说明等信息，点击"确定"即可，如图 2-40 所示。

2.6.2 谷歌地球路径的绘制及坐标提取

谷歌地球的路径，是一组连续的折线，折线各角点的坐标(经纬度)描述了路径的位置。谷歌地球上路径的作用有：①描述现有道路的中线；②描述现有地物(如校区、厂区、水库等)的边界。

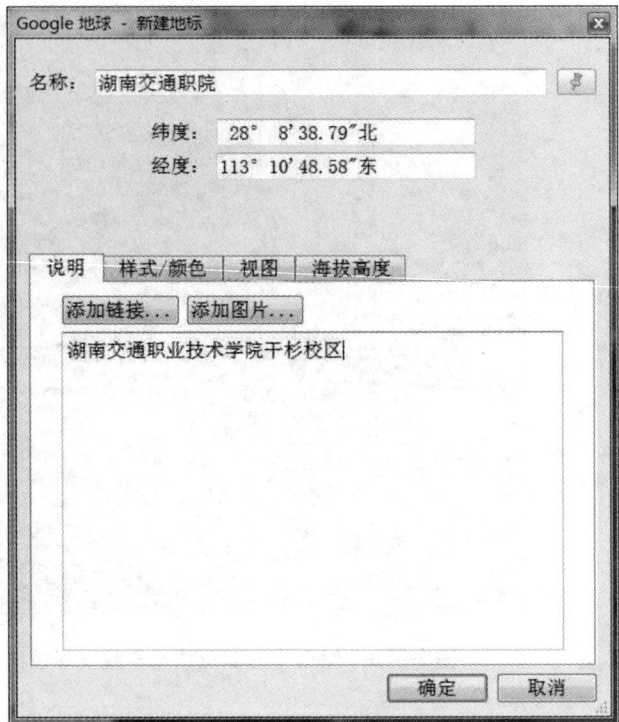

图 2-40　新建地标

不难看出，路径在现有道路中线恢复、老路改建、区域面积估算等方面具有较强的实用价值。

1.谷歌地球中路径的绘制和保存

以沿湖南交通职业技术学院干杉校区的边界绘制路径为例。

打开谷歌地球，找到校区，点击下拉菜单［工具］—［标尺］，在弹出的"标尺"对话框中，切换到"路径"页面，长度单位设置为"米"，选中"鼠标导航"，如图 2-41 所示。

将"标尺"对话框移到旁边的位置(不要关闭)，然后，沿校区边界用鼠标点击角点，直至形成封闭的区域路径，此时"标尺"对话框中会显示路径的长度(图 2-42)。操作过程中，可使用鼠标滚轮对卫星图片进行缩放，按鼠标左键进行平移，已绘制的角点还可点击修正位置。

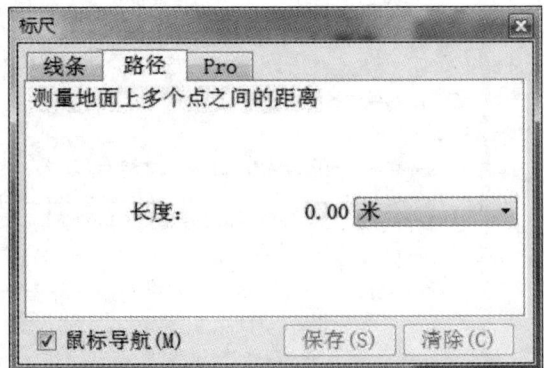

图 2-41　路径参数设置

图 2 - 42 绘制校区边界路径

点击"保存"按钮,弹出"新建路径"对话框,设置名称为"湖南交职院校区边界",设置合适的颜色、线宽等,如图 2 - 43 所示。

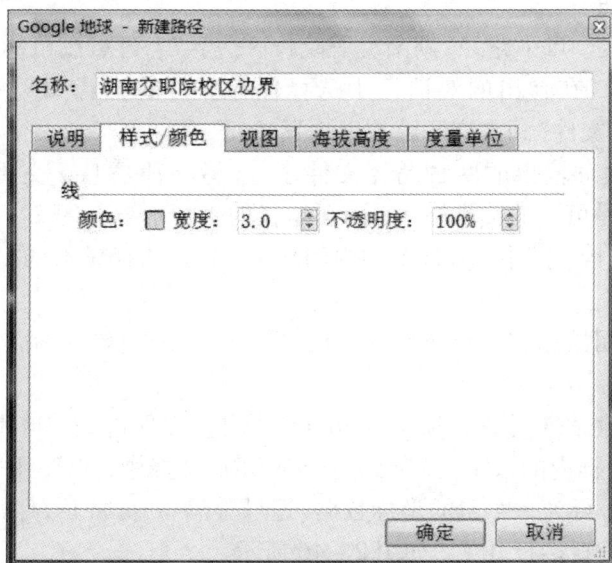

图 2 - 43 保存路径

点击"确定"按钮,即可保存刚才绘制的路径。在谷歌地球软件窗口的侧栏(点击[视图]—

［侧栏］），可看到路径保存在"临时位置"中（图2－44），保存后的路径不能再修改。

图2－44　路径保存完毕

2. 路径文件的导出

在谷歌地球侧边栏，点中路径"湖南交职院校区边界"，再点按鼠标右键，在右键菜单中选择［将位置另存为］，在弹出的对话框中选择保存文件的位置和文件名，保存类型选择"kml"，将路径导出为文件"湖南交职院校区边界.kml"。

kml文件是谷歌地球输出的两种路径文件之一（另一种是kmz文件）。kml文件是一种XML描述语言，并且是可读的文本格式，内含路径的坐标信息。图2－45是"湖南交职院校区边界.kml"的文本内容，其中，方框范围内的数字，就是路径角点的坐标（按十进制小数形式表示的经度、纬度）。

也可以在地图上用鼠标右键点击路径，在右键菜单中选择"复制"，再新建一个文本文件，粘贴即可。

将文本中的经纬度整理到一个EXCEL电子表格中，以便进一步应用，操作方法是：将文本中的经纬度数据（方框内的数字）复制到一个WORD文档中，再使用"替换"功能，将空格替换为回车"^p"，使每行为一个点的坐标数据（逗号分隔），再将其存为文本文件，扩展名改为csv，即可用EXCEL直接打开了，如图2－46所示。

2.6.3　路径坐标的转换与AutoCAD成图

谷歌地球的路径角点坐标是用经纬度表示的，需要将其转换成高斯直角坐标，以便在AutoCAD中绘制成图并作进一步应用，这里使用"高斯投影坐标计算程序.xls"进行计算。

湖南交职院校区边界.kml - 记事本

文件(F)　编辑(E)　格式(O)　查看(V)　帮助(H)


```
<?xml version="1.0" encoding="UTF-8"?><kml xmlns="http://www.opengis.net/kml/2.2"
xmlns:gx="http://www.google.com/kml/ext/2.2" xmlns:kml="http://www.opengis.net/kml/2.2"
xmlns:atom="http://www.w3.org/2005/Atom"><Document>     <name>湖南交职院校区边界.kml</name>
<Style id="inline">              <LineStyle>                  <color>ff00ffff</color>
        <width>3</width>                  </LineStyle>              <PolyStyle>
<fill>0</fill>          </PolyStyle>     </Style>          <Style id="inline0">
<LineStyle>                      <color>ff00ffff</color>                 <width>3</width>
        </LineStyle>             <PolyStyle>                      <fill>0</fill>
</PolyStyle>     </Style>        <StyleMap id="inline1">          <Pair>
<key>normal</key>                        <styleUrl>#inline0</styleUrl>          </Pair>
<Pair>              <key>highlight</key>              <styleUrl>#inline</styleUrl>
        </Pair> </StyleMap>      <Placemark>              <name>湖南交职院校区边界</name>
<styleUrl>#inline1</styleUrl>            <LineString>
<tessellate>1</tessellate>                     <coordinates>
113.1787845884261,28.14141618196539,0 113.1776715507991,28.14189553510832,0
113.1775741248662,28.14199451393003,0 113.1780276638311,28.14250827194228,0
113.1788359913869,28.14303576284238,0 113.1783197908956,28.14380765126111,0
113.1777239744539,28.14704401511641,0 113.1766369728077,28.14731429107925,0
113.1770949130259,28.14887742844921,0 113.1784164639774,28.14881014661095,0
113.1796473740769,28.14918869374442,0 113.1823304393507,28.14851179152172,0
113.1827434493247,28.14792069863428,0 113.1827624813937,28.14733563839038,0
113.1837233067918,28.14551688541585,0 113.1843660855127,28.14514175439252,0
113.1845528606175,28.14471305649558,0 113.1849180241394,28.14486429206945,0
113.1853526433501,28.14469156389527,0 113.1852398872297,28.14299549628693,0
113.1844615153723,28.14155755614559,0 113.1831105715504,28.14184352270238,0
113.1823188500058,28.1418907306779,0 113.1787845884261,28.14141618196539,0
</coordinates>          </LineString>    </Placemark></Document></kml>
```


图 2－45　kml 文件的内容

	A	B	C
1	113.178784588426	28.1414161819653	0
2	113.177671550799	28.1418955351083	0
3	113.177574124866	28.1419945139300	0
4	113.178027663831	28.1425082719422	0
5	113.178835991386	28.1430357628423	0
6	113.178319790895	28.1438076512611	0
7	113.177723974453	28.1470440151164	0
8	113.176636972807	28.1473142910792	0
9	113.177094913025	28.1488774284492	0
10	113.178416463977	28.1488101466109	0
11	113.179647374076	28.1491886937444	0
12	113.182330439350	28.1485117915217	0
13	113.182743449324	28.1479206986342	0
14	113.182762481393	28.1473356383903	0
15	113.183723306791	28.1455168854158	0
16	113.184366085512	28.1451417543925	0
17	113.184552860617	28.1447130564955	0
18	113.184918024139	28.1448642920694	0
19	113.185352643350	28.1446915638952	0
20	113.185239887229	28.1429954962869	0
21	113.184461515372	28.1415575561455	0
22	113.183110571550	28.1418435227023	0
23	113.182318850005	28.1418907306779	0
24	113.178784588426	28.1414161819653	0

湖南交职院校区边界

图 2－46　路径点的经纬度整理到 EXCEL 表格

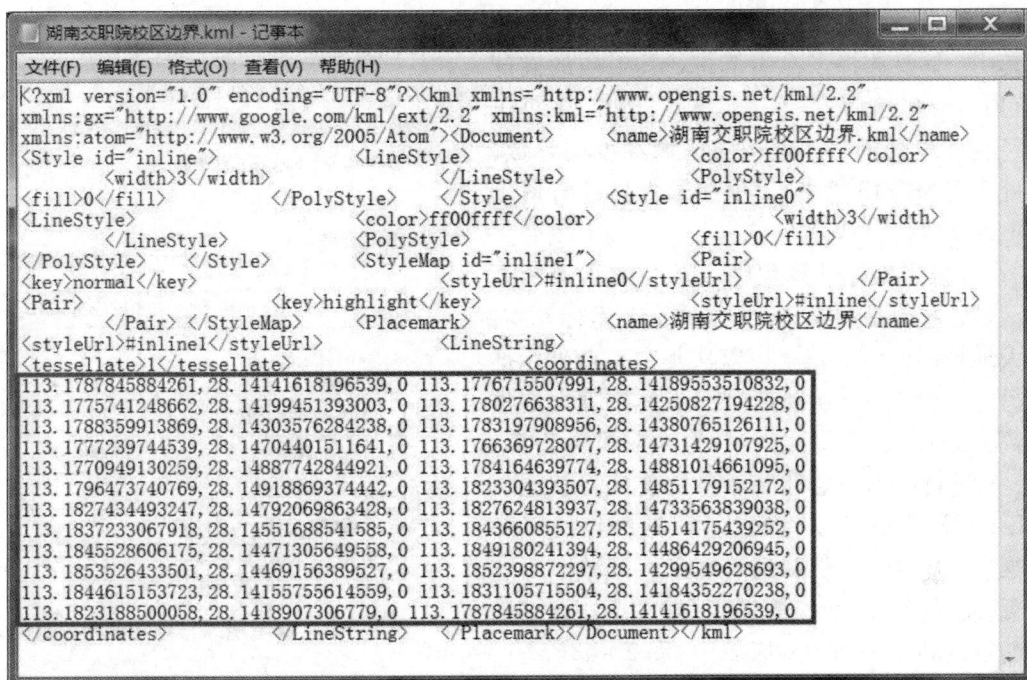

计算之前，先设置参考椭球类型、投影参数等。其中，只要选择了参考椭球，其对应的椭球参数可自动确定，无需手工输入，此外，中央子午线经度一般设置为接近当前区域经度的整数，如此处设置为"113度"，其他参数保持缺省值不变(图2-47)。

"高斯投影坐标计算程序.xls"主界面有两个坐标区域，左边是高斯平面坐标(X/Y坐标)，右边是大地坐标(经纬度)，可以从其中一种坐标推算出另外一种坐标，从高斯平面坐标推算大地坐标为高斯投影反算，反之，则为高斯投影正算。这里，应进行高斯投影正算，将之前从谷歌地球上描绘的"湖南交职院校区边界"路径点的经纬度数据(图2-46)，复制到大地坐标区域中对应的位置，再点击"高斯投影正算"按钮，计算结果即可显示在高斯平面坐标区域中(图2-48)。

选择参考椭球：

○ 克拉索夫斯基椭球（54北京坐标系）
○ IUGG-1975椭球（80西安坐标系）
● IUGG-1979椭球（WGS-84坐标系/GPS）
○ 2000国家大地坐标系椭球

椭球参数：

长半径(m)	6378137
扁率 1/f	298.257223563

投影参数：

中央子午线经度(°)	113
Y东偏移(m)	500000
X北偏移(m)	0
投影面高程(m)	0
投影比例因子	1

图2-47 参考椭球与投影参数设置

	A	B	C	D	E	F	G
1	高斯平面坐标		高斯投影反算->		<<-高斯投影正算		大地坐标
2	序号	X (m)	Y (m)		序号	B（纬度）	L（经度）
3	1	3114126.4961	517562.5906		1	28. 14 1416182	113. 17 8784588
4	2	3114179.4586	517453.1754		2	28. 14 1895535	113. 17 7671551
5	3	3114190.4136	517443.5890		3	28. 14 1994514	113. 17 7574125
6	4	3114247.4146	517488.0580		4	28. 14 2508272	113. 17 8027664
7	5	3114305.9888	517567.3759		5	28. 14 3035763	113. 17 8835991
8	6	3114391.4565	517516.5429		6	28. 14 3807651	113. 17 8319791
9	7	3114750.0314	517457.4904		7	28. 14 7044015	113. 17 7723974
10	8	3114779.8282	517350.6725		8	28. 14 7314291	113. 17 6636973
11	9	3114953.1239	517395.4025		9	28. 14 8877428	113. 17 7094913
12	10	3114945.8576	517525.2249		10	28. 14 8810147	113. 17 8416464
13	11	3114987.9872	517646.0711		11	28. 14 9188694	113. 17 9647374
14	12	3114913.3642	517909.7314		12	28. 14 8511792	113. 18 2330439
15	13	3114847.9190	517950.3986		13	28. 14 7920699	113. 18 2743449
16	14	3114783.0842	517952.3657		14	28. 14 7335638	113. 18 2762481
17	15	3114581.6685	518047.0505		15	28. 14 5516885	113. 18 3723307
18	16	3114540.1913	518110.2536		16	28. 14 5141754	113. 18 4366086
19	17	3114492.7100	518128.6727		17	28. 14 4713056	113. 18 4552861
20	18	3114509.5248	518164.5174		18	28. 14 4864292	113. 18 4918024

高斯投影坐标转换

图2-48 高斯投影坐标转换计算

　　根据计算出的高斯平面坐标，将点展绘到 AutoCAD 中，即可查询周长为 3099.7 m，面积为 486653 m² （约 730 亩），如图 2 -49 所示。

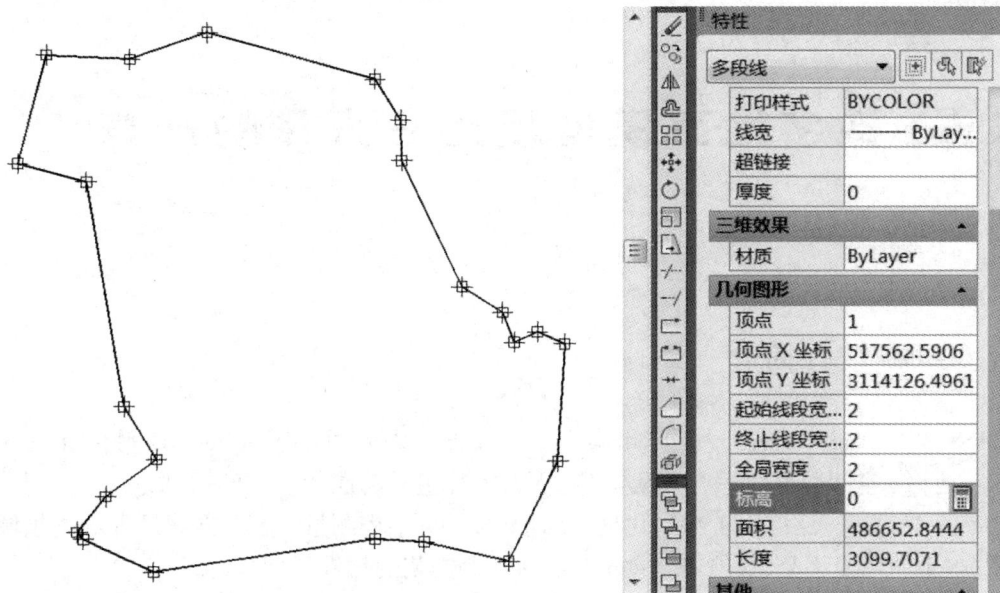

图 2 -49　谷歌地球路径展绘到 AutoCAD 中并查询面积与周长

第 3 章
CASS：数字地面模型及土石方量的计算

3.1 CASS 软件简介

CASS，中文名称"开思"，是广州南方测绘仪器有限公司基于 AutoCAD 平台开发的一套集地形、地籍、空间数据建库、工程应用、土石方算量等功能为一体的软件系统，在同类软件市场占有率最高，广泛应用于数字化地形/地籍成图、工程测量、土石方算量等应用领域。

图 3-1 所示是 CASS 7.0 在 AutoCAD 2006 上安装的软件界面。

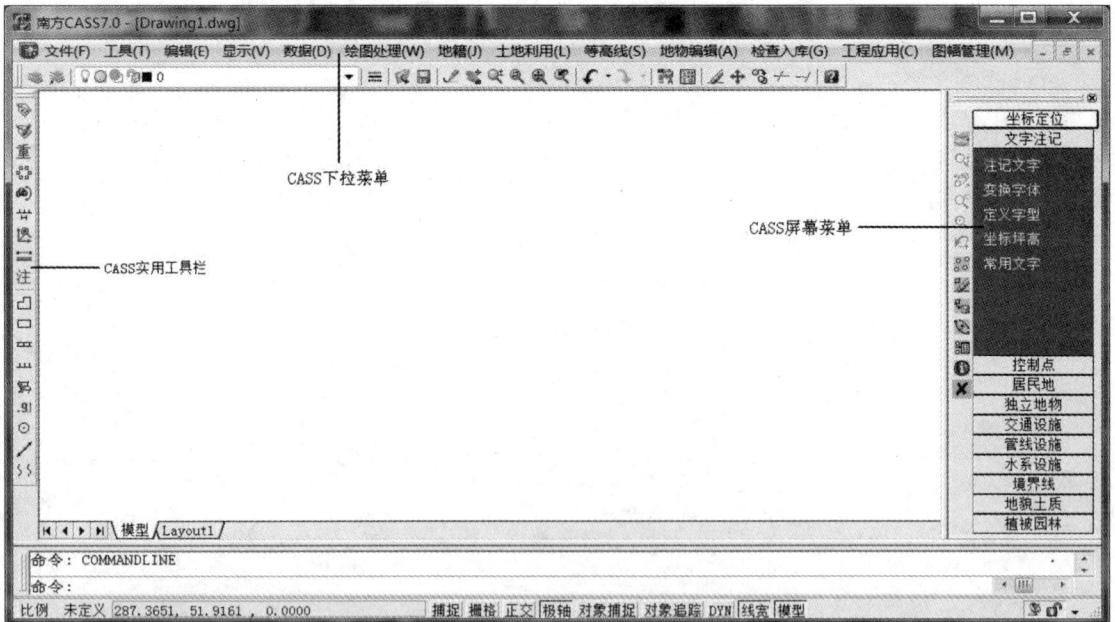

图 3-1　CASS 7.0 在 AutoCAD 2006 上的界面

CASS 7.0 与 AutoCAD 2006 的界面及操作方法基本相同，两者的区别在于下拉菜单及屏幕菜单的内容不同，各区的功能如下。

1. 下拉菜单

几乎所有的 CASS 7.0 命令及 AutoCAD 2006 的编辑命令都包含在顶部的下拉菜单中，例如文件管理、图形编辑、工程应用等命令都在其中。图 3 – 2 展示的是"工具""等高线"和"工程应用"三个下拉菜单的内容。

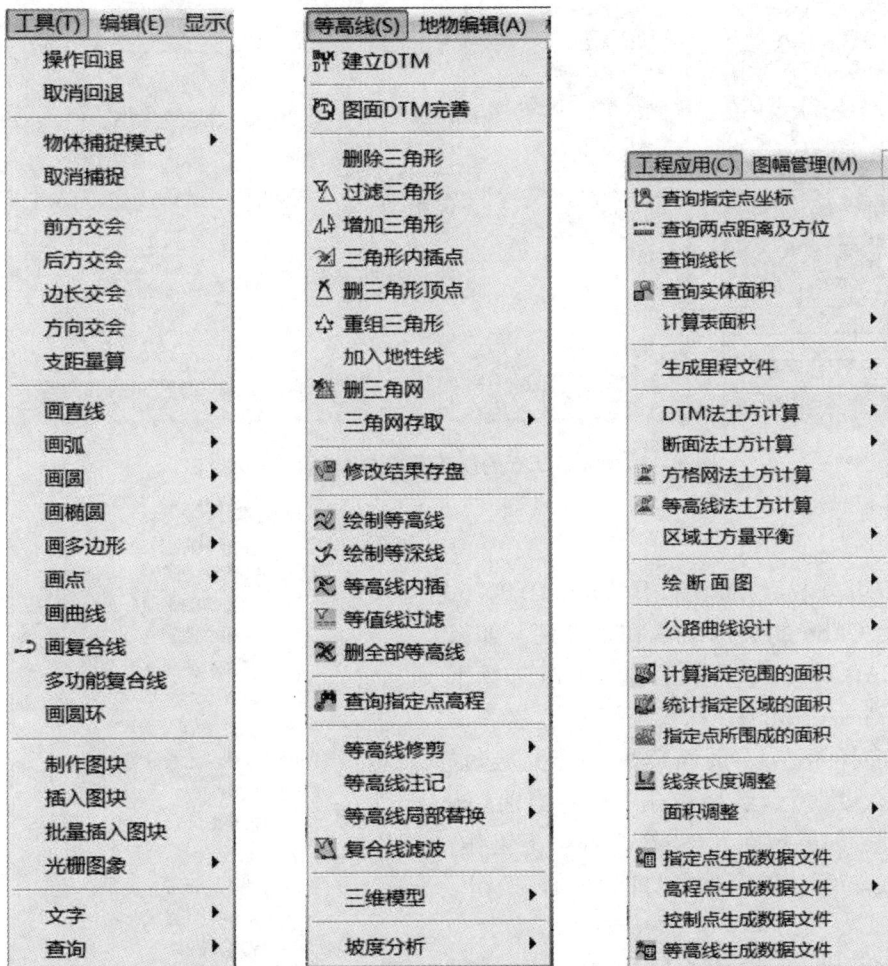

图 3 – 2　CASS7.0 的"工具""等高线""工程应用"下拉菜单内容

2. 屏幕菜单

屏幕菜单设置于屏幕右方，这是一个测绘专用交互绘图菜单，用于绘制各种类别的地物。图 3 – 3 所示是"交通设施"屏幕菜单的"桥梁"窗口。

3. 工具栏

在屏幕的上部和左侧分别有一个工具栏，其中上部的工具栏（标准工具栏）是 AutoCAD 本身就有的，它包含了 AutoCAD 2006 的许多常用功能，如图层的设置、打开老图、图形存盘、重画屏幕等。屏幕左侧的工具栏（CASS 实用工具栏）则是 CASS 所特有的，它具有 CASS 的一些较常用的功能，如查询坐标、注记文字、交互展点等。

在工具栏区域点击鼠标右键，可以在弹出的菜单中选择打开或关闭相应的工具栏，如图

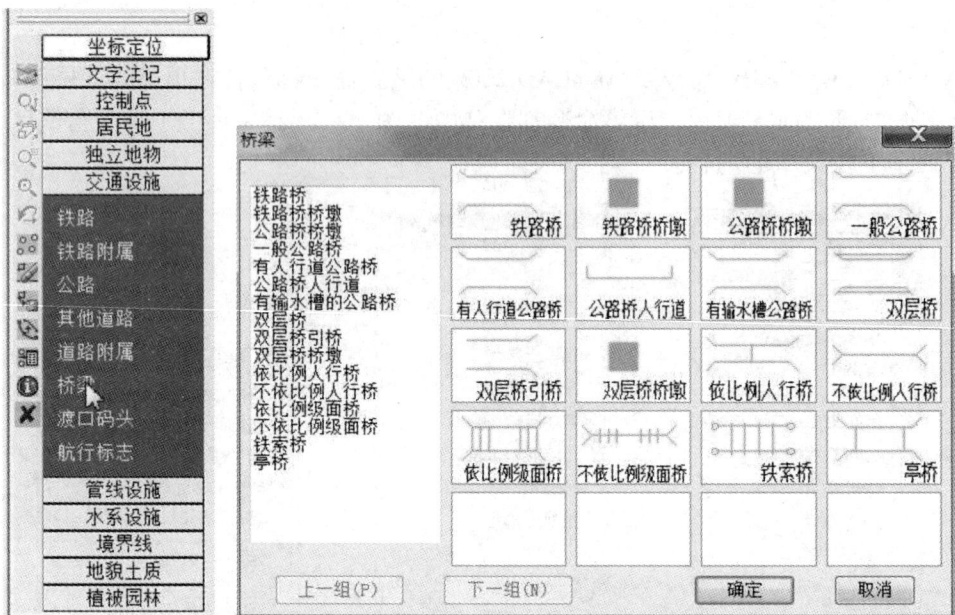

图 3－3　CASS 7.0 的屏幕菜单与"桥梁"菜单窗口

3－4所示。

　　CASS 7.0 安装后，即使打开 AutoCAD 2006，出现的也是 CASS 的下拉菜单和工具栏。如果想在 AutoCAD 2006 环境下工作，可以选择下拉菜单［文件］—［AutoCAD 系统配置］，在弹出的窗口中选择"配置"页面（图 3－5），选择"《未命名配置》"，然后单击"置为当前"按钮。类似地，如果想在 CASS 7.0 环境下工作，可选择"CASS70"，然后单击"置为当前"按钮。

3.2　数字地面模型（DTM）

3.2.1　数字地面模型简介

　　数字地面模型（digital terrestrial model，简称 DTM），是指在一定区域范围内，规则格网点或三角形点的平面坐标(x, y)和其他地形属性的数据集合。如果该地形属性是该点的高程坐标 H，则该数字地面模型又称为数字高程模型（DEM，digital elevation model）。

　　数字地面模型从微分角度三维地描述了测区地形的空间分布，应用它可以按用户设定的

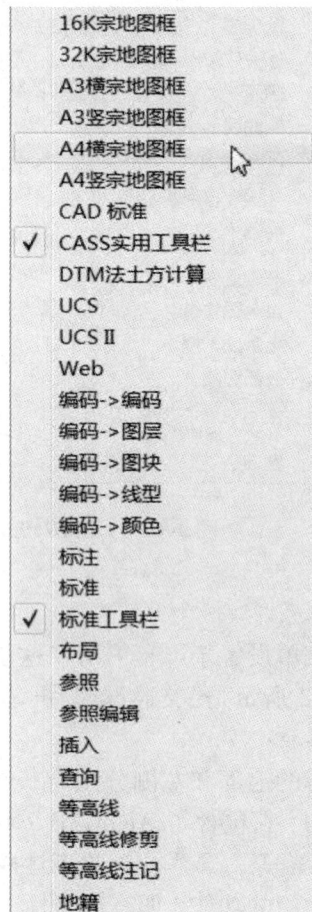

图 3－4　鼠标右键弹出菜单中打开或关闭工具栏

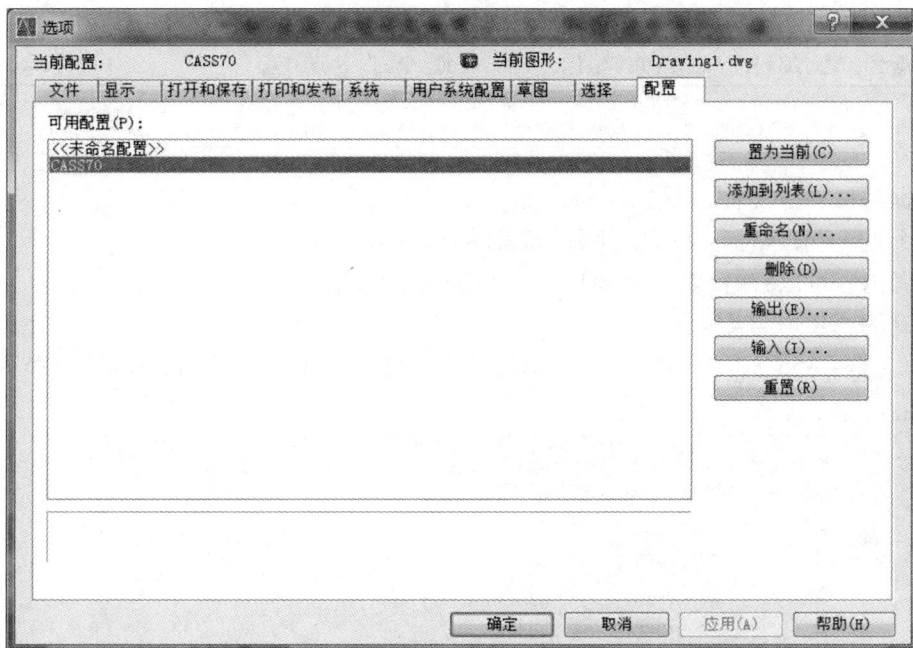

图 3 - 5　**AutoCAD 系统配置页面**

等高距生成等高线，绘制任意方向的断面图、坡度图，计算指定区域的土方量等。

图 3 - 6 是某区域数字地面模型生成的三角网。

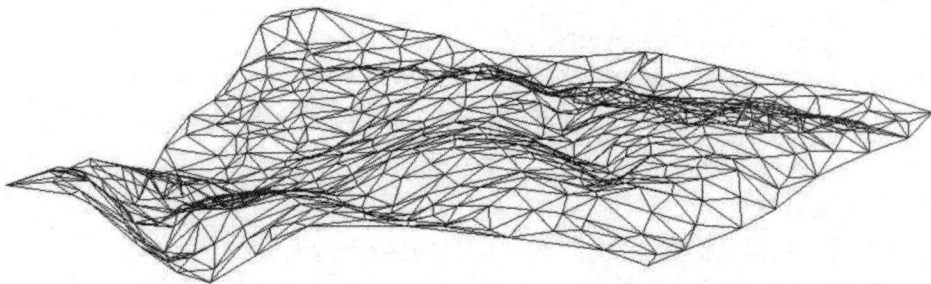

图 3 - 6　**某区域数字地面模型生成的三角网**

3.2.2　数字地面模型的建立

在 CASS 中，数字地面模型一般根据坐标数据文件建立。

1. 坐标数据文件

坐标数据文件是 CASS 最基础的数据文件，扩展名是"DAT"，其格式为：

> 1 点点名，1 点编码，1 点 Y(东)坐标，1 点 X(北)坐标，1 点高程
> …
> N 点点名，N 点编码，N 点 Y(东)坐标，N 点 X(北)坐标，N 点高程

说明：

①数据内每一行代表一个点；

②每个点 Y(东)坐标、X(北)坐标、高程的单位均是"米"；

③编码内容可以省略(空缺)，但其后的逗号不能省略；

④所有的逗号均为英文半角逗号。

图 3 – 7 是 CASS 7.0 自带的地形点坐标数据文件"dgx. dat"的内容(全部共 126 个点)。

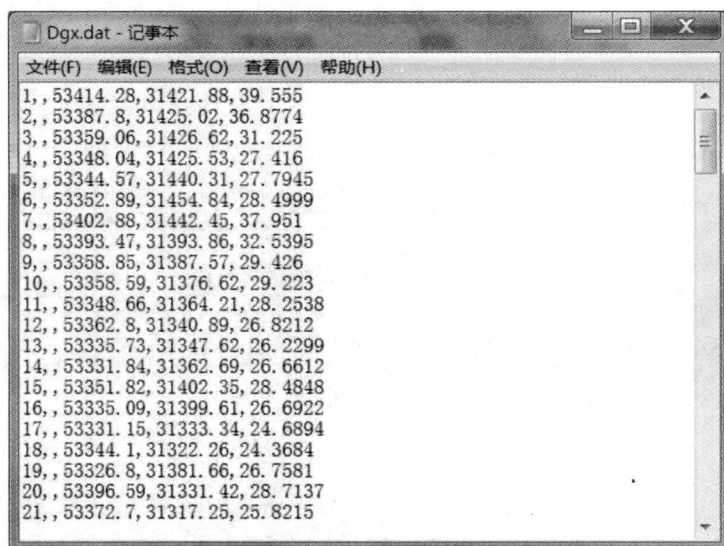

图 3 – 7　CASS 7.0 自带坐标数据文件"dgx. dat"的文本内容

2. 建立数字地面模型

【操作 3 – 1】　根据坐标数据文件"dgx. dat"建立数字地面模型。

点击下拉菜单[等高线]—[建立 DTM]命令，弹出"建立 DTM"对话框如图 3 – 8 所示，点选"由数据文件生成"单选框，选择坐标数据文件"dgx. dat"，点选"显示建三角网结果"，确定后，屏幕显示三角网，如图 3 – 9 所示，它位于"SJW"图层。

利用三维动态观察器，转动三角网，可以非常直观地观察地形起伏情况，如图 3 – 10 所示。

可以将当前图形中的三角网另存为三角网文件(* . sjw)，操作菜单是[等高线]—[三角网存取]—[写入文件]，也可以读入电脑中的三角网文件(* . sjw)到当前图形中，操作菜单是[等高线]—[三角网存取]—[读出文件]。

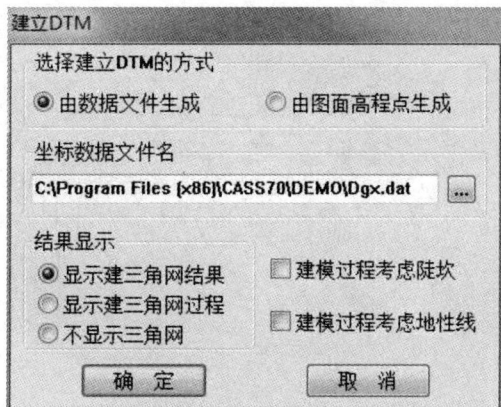

图 3-8　"建立 DTM"参数设置

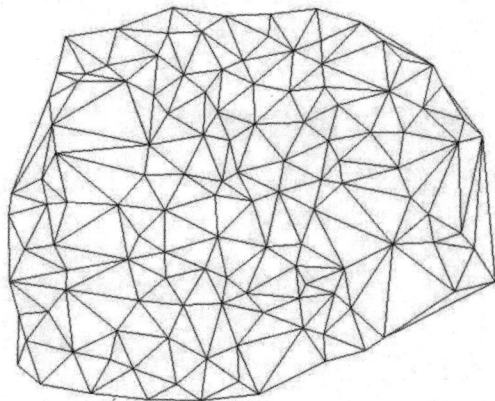

图 3-9　由坐标数据文件"dgx. dat"生成的 DTM 三角网

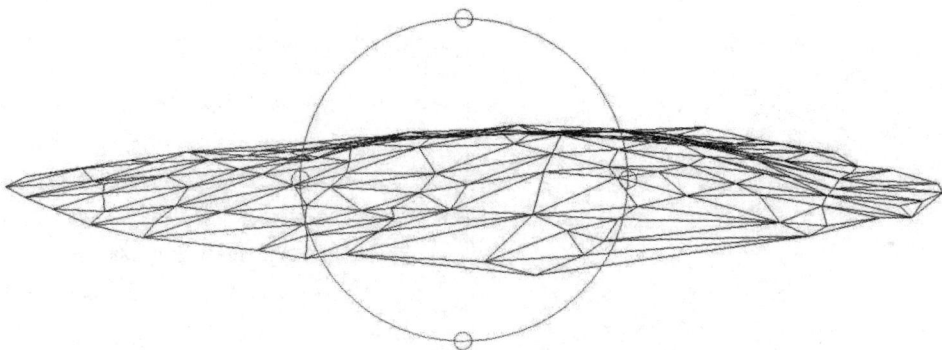

图 3-10　利用三维动态观察器查看 DTM 三角网

3.2.3　数字地面模型的基本应用

1. 绘制等高线

在 CASS 中，可以根据 DTM 三角网生成等高线。

【操作 3-2】　在坐标数据文件"dgx. dat"建立的数字地面模型基础上绘制等高线。

点击下拉菜单[等高线]—[绘制等高线]命令，弹出"绘制等值线"窗口如图 3-11 所示，设置等高距为"0.5 米"，拟合方式为"三次 B 样条拟合"，确定后系统即可绘制出等高线，如图 3-12 所示。

2. 查询任意点的高程

【操作 3-3】　查询坐标数据文件"dgx. dat"测区范围内任意点的高程，并标注在图上。

点击下拉菜单[等高线]—[查询指定点高程]命令，在弹出的窗口中选择坐标数据文件，命令窗口显示"是否在图上标记？（1）是（2）否"，输入 1，再确定绘图比例尺，通过鼠标选点方式查询任意点的高程。查询点以高程点的方式标记在图上，同时在命令窗口中显示点的坐标和高程，如图 3 – 13 所示。

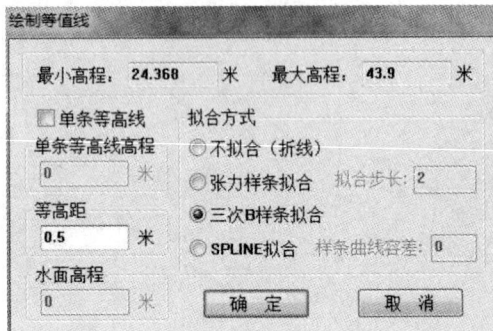

图 3 – 11　"绘制等值线"参数设置

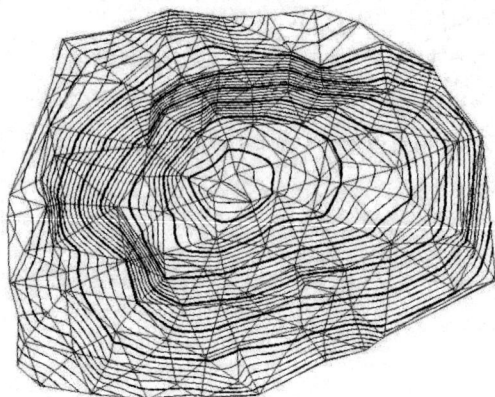

图 3 – 12　由坐标数据文件"dgx. dat"绘制的等高线

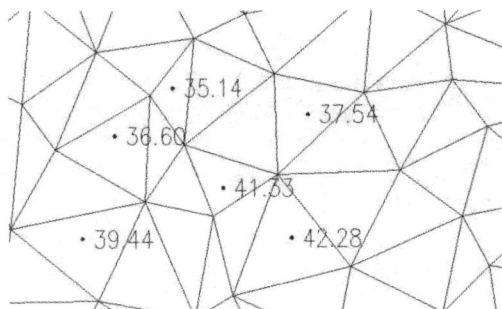

图 3 – 13　查询并标注任意点高程

3. 绘制路线纵断面图

【操作 3 – 4】　在坐标数据文件"dgx. dat"测区范围内，有一条路线，中线坐标见表 3 – 1。请绘制该路线的纵断面图（采样点间距为 20 m，起始桩号为 0 m，绘图比例为横向 1 ∶ 2000，竖向 1 ∶ 200）。

表 3 – 1　路线中线坐标

中线点序号	X 坐标	Y 坐标	备　注
1	31367.963	53355.960	
2	31381.699	53427.049	
3	31405.009	53480.178	测量坐标 单位：m
4	31441.845	53512.100	
5	31500.843	53525.602	

首先，根据坐标数据文件"dgx. dat"生成 DTM 三角网，再根据路线中线坐标，绘制路线（多段线），如图 3 – 14 所示。

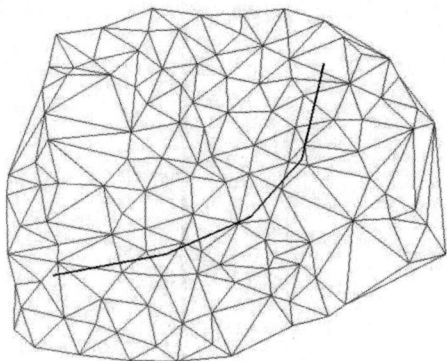

图 3 – 14　三角网及路线

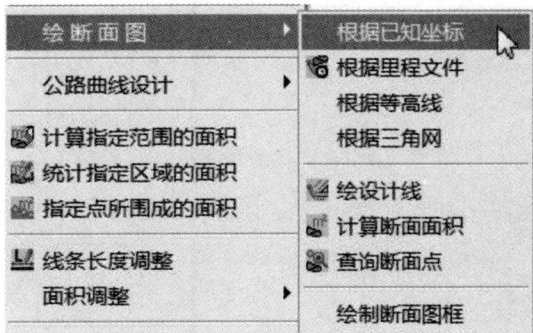

图 3 – 15　根据已知坐标绘断面图菜单选项

点击下拉菜单［工程应用］—［绘断面图］—［根据已知坐标］，如图 3 – 15 所示，命令栏提示"选择多段线"，选择路线多段线，然后在弹出的"断面线上取值"窗口中选择坐标数据文件"dgx. dat"，采样点间距设定为"20 米"，起始里程为"0 米"，如图 3 – 16 所示。

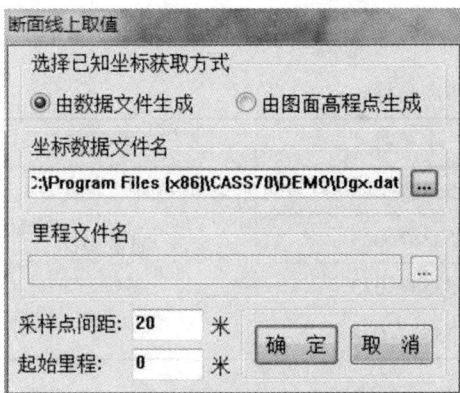

图 3 – 16　"断面线上取值"参数设置

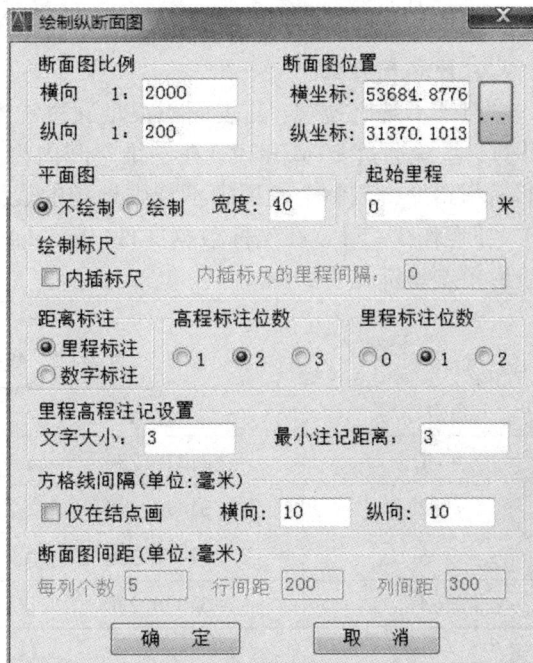

图 3 – 17　"绘制纵断面图"参数设置

点击"确定"按钮，弹出"绘制纵断面"窗口如图 3 – 17 所示，设定断面图比例为横向 1∶2000，纵向 1∶200，方格线间距横向和纵向均为 10 mm，断面图位置在图中空白处用鼠标点击确定，点击"确定"按钮，路线纵断面图即绘制完成，如图 3 – 18 所示。

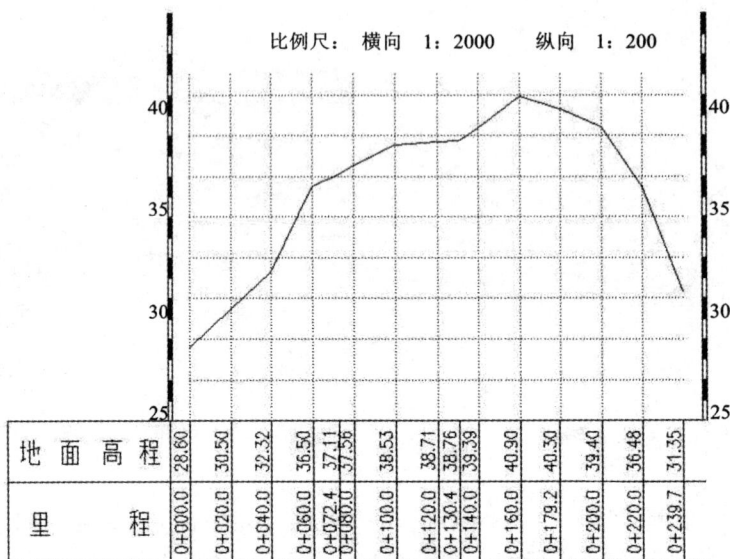

图 3 – 18 指定路线的纵断面图

根据等高线、三角网绘制路线纵断面图的操作方法基本类似。

4. 计算表面积

对于不规则地貌，其表面积很难通过常规的方法来计算。这里可以通过数字地面模型来计算，系统通过 DTM 建模，在三维空间内将高程点连接为带坡度的三角形，再通过每个三角形面积累加得到整个范围内不规则地貌的表面积。

【操作 3 – 5】 在坐标数据文件"dgx. dat"测区范围内，计算某矩形区域内地貌的表面积。矩形角点坐标见表 3 – 2。

表 3 – 2 矩形区域角点坐标

角点序号	X 坐标	Y 坐标	备 注
1	31378.230	53387.023	
2	31478.230	53387.023	测量坐标 单位：m
3	31478.230	53537.023	
4	31378.230	53537.023	

首先，根据坐标数据文件"dgx. dat"展高程点（下拉菜单[绘图处理]—[展高程点]），再根据矩形角点坐标，绘制多段线封闭区域，如图 3 – 19 所示。

点击下拉菜单[工程应用]—[计算表面积]—[根据图上高程点]，命令区提示和操作如下：

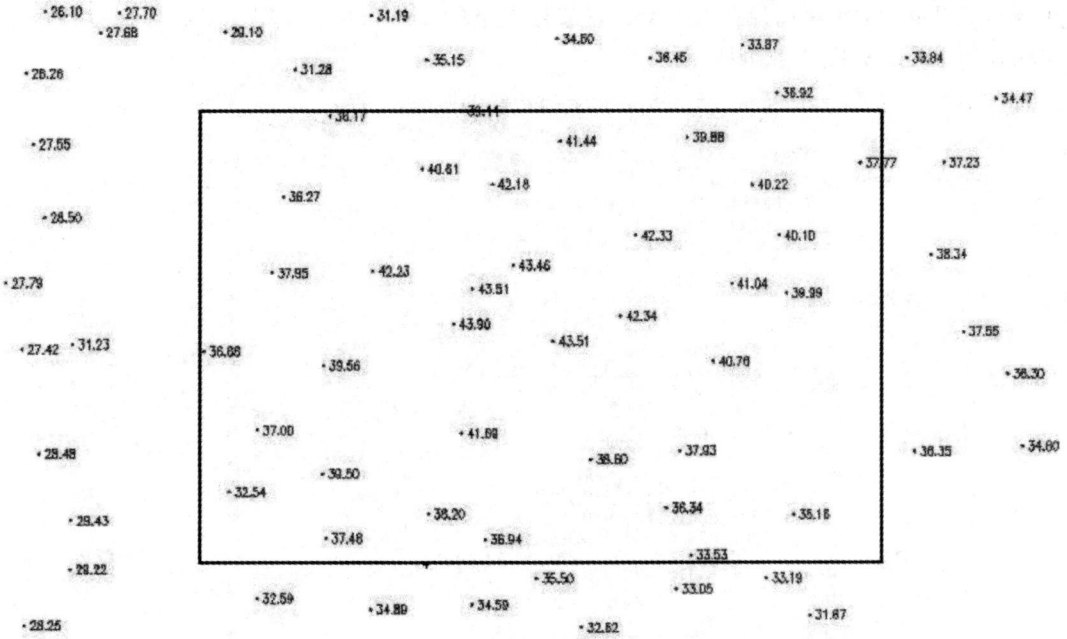

图 3 – 19　高程点及矩形区域

选择计算区域边界线　　　／在图上点击矩形多段线

请输入边界插值间隔(米)：<20> 10　　　／输入边界插值间隔 10 m

表面积 =15197.993 平方米,详见 surface. log 文件　　　／显示计算结果和详细文件名

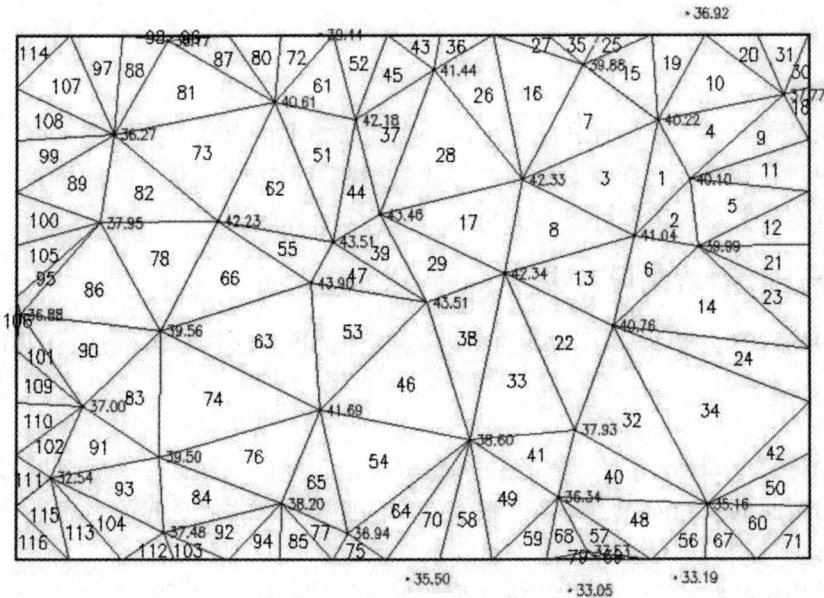

图 3 – 20　矩形区域内各三角形的编号

计算完成后，图形窗口显示建模示意图，图上标注了各三角形的编号，如图 3 - 20 所示，打开 surface. log 文件（自动保存在 CASS 安装目录下的 SYSTEM 文件夹中），可查看各三角形的详细几何信息，如图 3 - 21 所示。

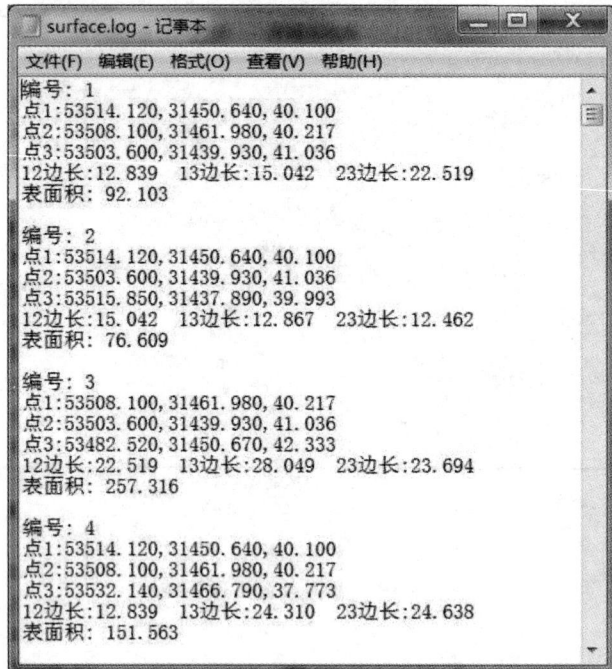

图 3 - 21　surface. log 文件中显示各三角形的详细几何信息

3.3　土石方量计算

土石方量的计算是工程设计和施工中的一项非常重要的工作。工程施工前的设计阶段必须对土石方量进行预算，它直接关系到工程的费用概算及方案选优。在工程建设过程中，土石方量的计算直接关系到工程计量和支付。

3.3.1　土石方量计算常见方法

土石方量的计算方法很多，常用的主要是三种：断面法、方格网法、DTM 法（三角网法）。

1. 断面法

断面法的计算原理是：沿路线长度方向每隔一定距离取一断面，然后根据每个断面的面积，计算相邻断面的平均面积，再乘以相邻断面的距离，求得相邻两个断面的土方量，所有断面间的土方量计量后累计求和，即为总的土方量。

断面法适用于线状工程的土石方量计算，如公路、铁路、水渠等。

2. 方格网法

这种方法是将场地划分成若干个正方形格网，然后计算每个四棱柱的体积，从而将所有四棱柱的体积汇总得到总的土方量。

在地形起伏较小、坡度变化平缓的场地，进行大面积的土石方估算，适宜用方格网法。

3. DTM 法

DTM 法又称三角网法。该方法利用实测地形碎部点、特征点进行三角构网，对计算区域按三棱柱法计算土方量。

三角网能很好地适应复杂、不规则地形，能更好地表达真实的地面特征，因此 DTM 法的精度较高。但是 DTM 法计算过程中数据量大，占用大量存储空间。

常用的土石方计算软件有：CASS、飞时达、鸿业、HTCAD 等。

CASS 软件中，与土方计算相关的功能有 DTM 法、断面法、方格网法、等高线法和区域土方平衡等，点击下拉菜单[工程应用]，相关菜单如图 3 – 22 所示。

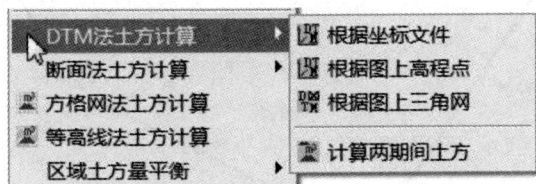

图 3 – 22　CASS 软件的土方计算菜单

以下土方计算示例，均在坐标数据文件"dgx. dat"所表示的地形中进行，需要用到的土方计算区域的边界角点坐标见表 3 – 3。

表 3 – 3　土方计算区域边界角点坐标

角点序号	X 坐标	Y 坐标	备　注
1	31412. 665	53393. 426	
2	31476. 949	53402. 744	
3	31476. 949	53472. 206	测量坐标
4	31438. 886	53509. 478	单位：m
5	31392. 365	53477. 289	
6	31366. 144	53424. 769	

准备工作是：将坐标数据文件"dgx. dat"的高程点展绘在图上（下拉菜单[绘图处理]—[展高程点]），再根据土方计算区域边界坐标，使用 pl 命令绘制一个闭合的多段线区域，如图 3 – 23 所示。

3.3.2　方格网法计算土石方量

【操作 3 – 6】　若土方计算区域内的设计高程为 40 m，请使用方格网法（方格宽度 10 m）计算区域内填挖土方量。

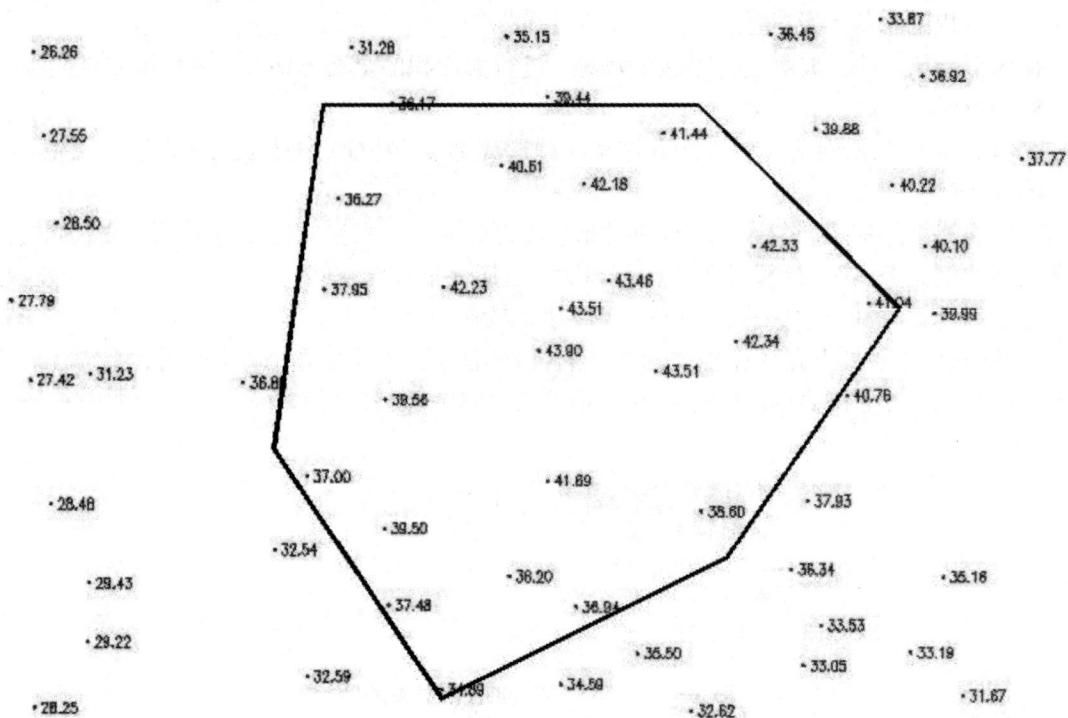

图 3 – 23　展绘高程点和土方计算区域

　　点击下拉菜单[工程应用]—[方格网法土方计算]，点选土方计算边界的闭合多段线，在弹出的"方格网土方计算"对话框中，坐标数据文件选择"dgx. dat"，设计面选择"平面"，设定目标高程为"40 米"，方格宽度为"10 米"，如图 3 – 24 所示。

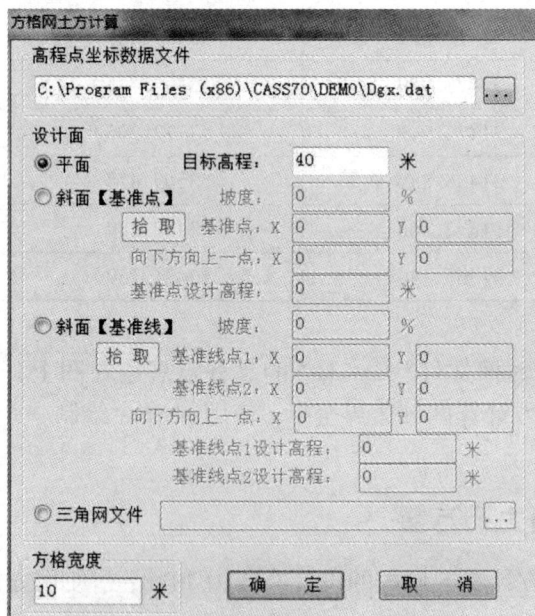

图 3 – 24　方格网土方计算参数设置

点击"确定"按钮，命令窗口显示相关计算结果："最小高程 = 24.368，最大高程 = 43.900，总填方 = 7371.6 立方米，总挖方 = 8873.6 立方米"。同时，图形窗口显示方格网法的计算结果示意图，如图 3 - 25 所示。

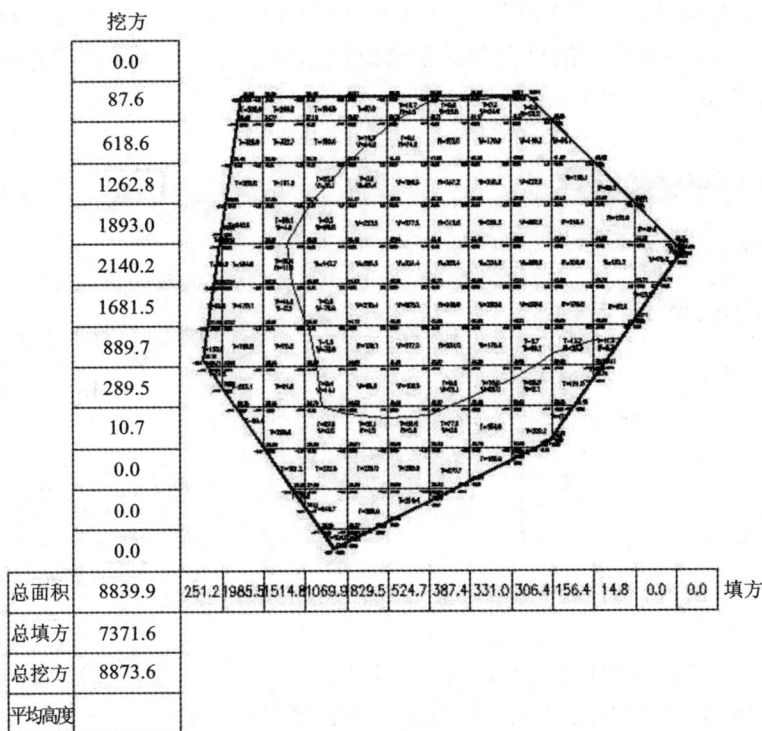

图 3 - 25　方格网土方计算结果示意图

方格中的各参数（图 3 - 26）含义是：

（1）角点右上方数字是该点处的地面高程，右下方是设计高程，左下方是地面高程相对于设计高程之高差（负数为低，正数为高）；

（2）方格中心的数字表示该棱柱体的填挖方数量，字母"T"表示填方，字母"W"表示挖方；

（3）当方格中既有填方又有挖方时，则填挖分界线（图 3 - 26 中的虚线）必定穿过该方格。

3.3.3　DTM 法计算土石方量

【操作 3 - 7】　若土方计算区域内的设计高程为 40 m，请使用 DTM 法计算区域内的填

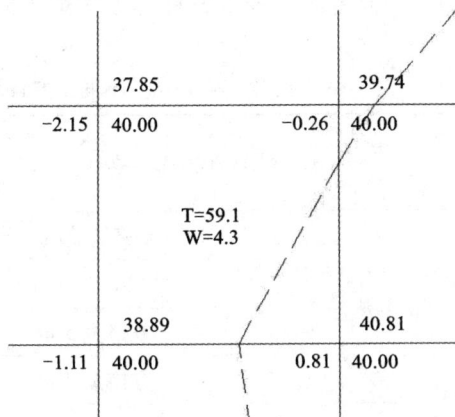

图 3 - 26　方格的参数标记

挖土方量，并与方格网法的计算结果进行比较。

点击下拉菜单［工程应用］—［DTM 法土方计算］，有三个选项，分别是"根据坐标文件""根据图上高程点"和"根据图上三角网"，三者其实质是一样的，根据情况灵活选取，当前选择"根据图上高程点"，点选土方计算边界的闭合多段线，在弹出的"DTM 土方计算参数设置"对话框中，平场标高输入"40 米"，边界采样间距输入"10 米"，如图 3-27 所示。

点击"确定"，软件弹出的信息框和命令窗口显示填挖方计算结果"挖方量 =9382.6 立方米，填方量 =7171.8 立方米"（图 3-28）。

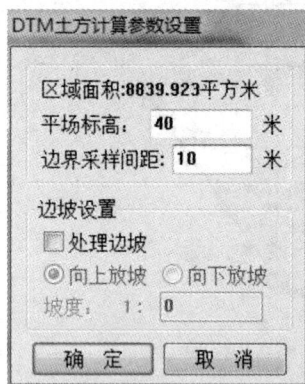

图 3-27　DTM 土方计算参数设置　　　　　图 3-28　DTM 土石方计算结果

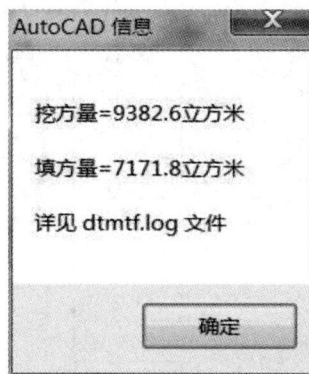

根据需要，可绘制"三角网法土石方计算"简图（图 3-29），简图绘制了土石方计算区域三角网、各三角形编号、填挖分界线，以及土石方计算结果。

DTM 土石方计算详细数据保存在 CASS 安装目录下的"dtmft.log"文件中，可打开该文件查看每个三角形的编号、顶点坐标、高程、填/挖方数量等详细信息，如图 3-30 所示。

经过计算试验，可以发现，对于同一个坐标数据文件（地形测量成果），采用不同的土方计算方法，或者同一种土方计算方法但不同的计算参数，计算结果都有差异，见表 3-4。

表 3-4　不同土方计算方法（参数）的计算结果比较

土方计算方法及参数		计算结果（m³）	
		填方	挖方
方格网法	方格宽 20 m	7969.2	7484.8
	方格宽 10 m	7371.6	8873.6
	方格宽 5 m	7242.7	9236.1
	方格宽 2 m	7213.6	9333.6
DTM 法	边界采样间距 20 m	7246.0	9334.0
	边界采样间距 10 m	7171.8	9382.6
	边界采样间距 5 m	7176.0	9398.3

三角网法土石方计算

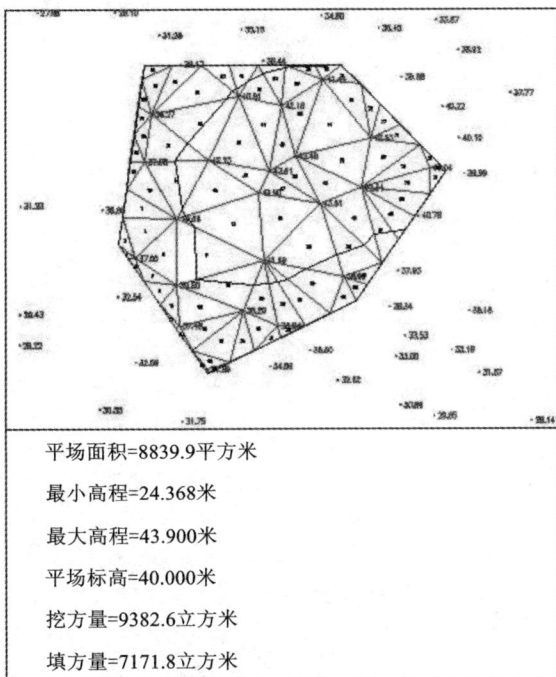

平场面积=8839.9平方米

最小高程=24.368米

最大高程=43.900米

平场标高=40.000米

挖方量=9382.6立方米

填方量=7171.8立方米

计算日期: 2015年3月23日　　　　　　计算人:

图 3 – 29　DTM 法土石方计算简图

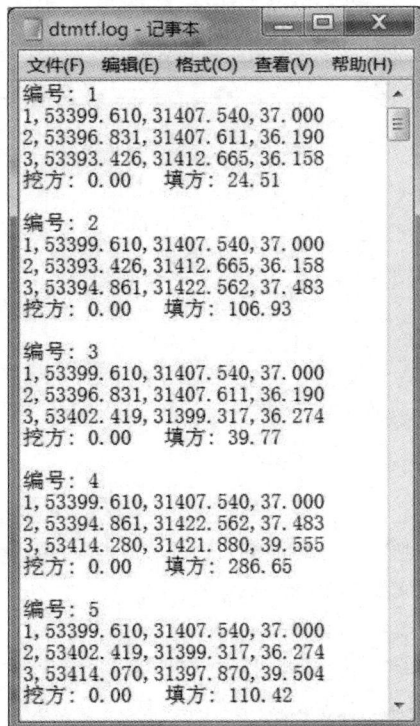

图 3 – 30　DTM 法土石方计算详细信息
（"dtmft. log"文件内容）

一般认为，在不考虑其他因素的前提下，对于方格网法，方格宽度越小，其计算结果越接近准确值，因此，从表 3 – 4 的计算结果对比可以看出，DTM 法是一种利用数字地面模型计算土石方量的理想方法。

3.3.4　区域土方量平衡计算

区域土方量平衡，是指在指定区域内，要做到填方量和挖方量相等时，计算其设计高程和土方量。

【操作 3 – 8】　土方计算区域内，计算土方平衡时的设计高程和土方量。

点击下拉菜单[工程应用]—[区域土方量平衡]—[根据图上高程点]，点选土方计算边界的闭合多段线，边界插值间隔定为"10 米"。

本例土方填挖平衡高程是 40.25 m，土方量为 8126 m³（填、挖方相等）。计算简图如图 3 – 31所示。

3.3.5　断面法计算土石方量

断面法是公路等线状工程计算土石方的常用方法，但由于公路里程较长，横断面比较复杂（涉及路面加宽、超高、边坡度变化、支挡设置等），一般使用专门的路线设计软件来计算公路土石方，比如纬地（参见本书第 4 章的相关内容）。而 CASS 通常用来计算长度较短、横断面简单、规则的线状工程的土石方。

三角网法土石方计算

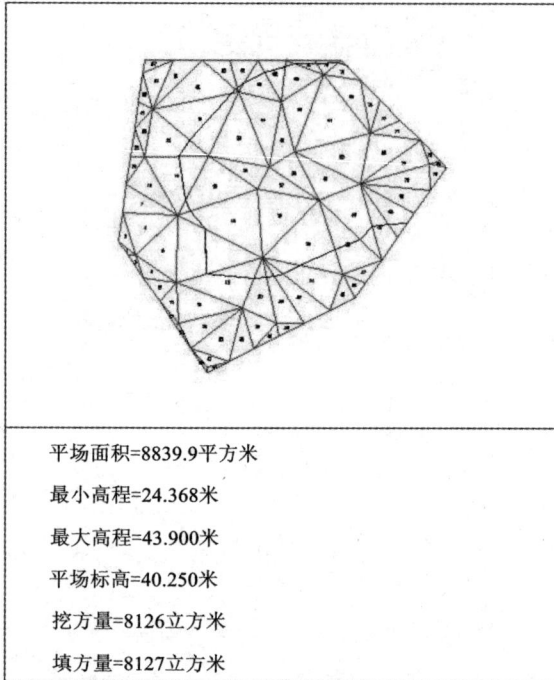

平场面积=8839.9平方米

最小高程=24.368米

最大高程=43.900米

平场标高=40.250米

挖方量=8126立方米

填方量=8127立方米

计算日期：2015年3月28日　　　　　计算人：

图3-31　DTM法土石方边挖平衡计算结果简图

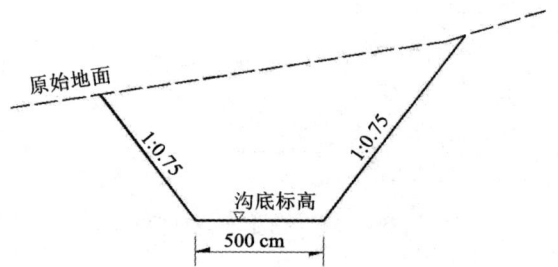

图3-32　沟槽横断面设计图

【操作3-9】　在坐标数据文件"dgx.dat"测区范围内,有一条路线,长239.7 m,其中线坐标见表3-1。现沿该路线开挖沟槽,沟槽横截面尺寸如图3-32所示,沟槽底部设计标高见表3-5。请使用断面法计算开挖沟槽的土方量。

表3-5　沟槽底部设计标高

序号	桩号	沟底设计标高(m)	序号	桩号	沟底设计标高(m)
1	K0+000	27.42	8	K0+140	37.21
2	K0+020	28.82	9	K0+160	38.61
3	K0+040	30.22	10	K0+180	37.70
4	K0+060	31.62	11	K0+200	36.79
5	K0+080	33.02	12	K0+220	33.69
6	K0+100	34.41	13	K0+239.7	30.63
7	K0+120	35.81			

使用断面法计算土方量的步骤比较多，下面逐步阐述。

1. 第一步：生成里程文件

里程文件是用于描述路线沿线地形的数据文件，是后面土石方计算的基础。

点击下拉菜单［工程应用］—［生成里程文件］—［由纵断面生成］—［新建］，按照提示，点击图上事先绘制的路线多段线，弹出"由纵断面生成里程文件"对话框，设置相关参数，中桩点获取方式为"等分"，横断面间距为"20 米"，横断面左、右长度均为"15 米"，如图 3 – 33 所示。

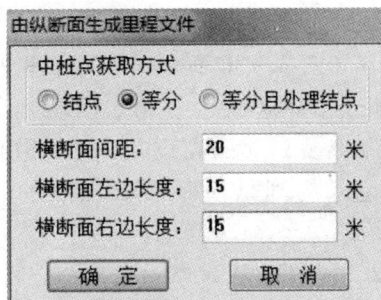

点击"确定"按钮，图上路线生成横断面线，如图 3 – 34 所示。

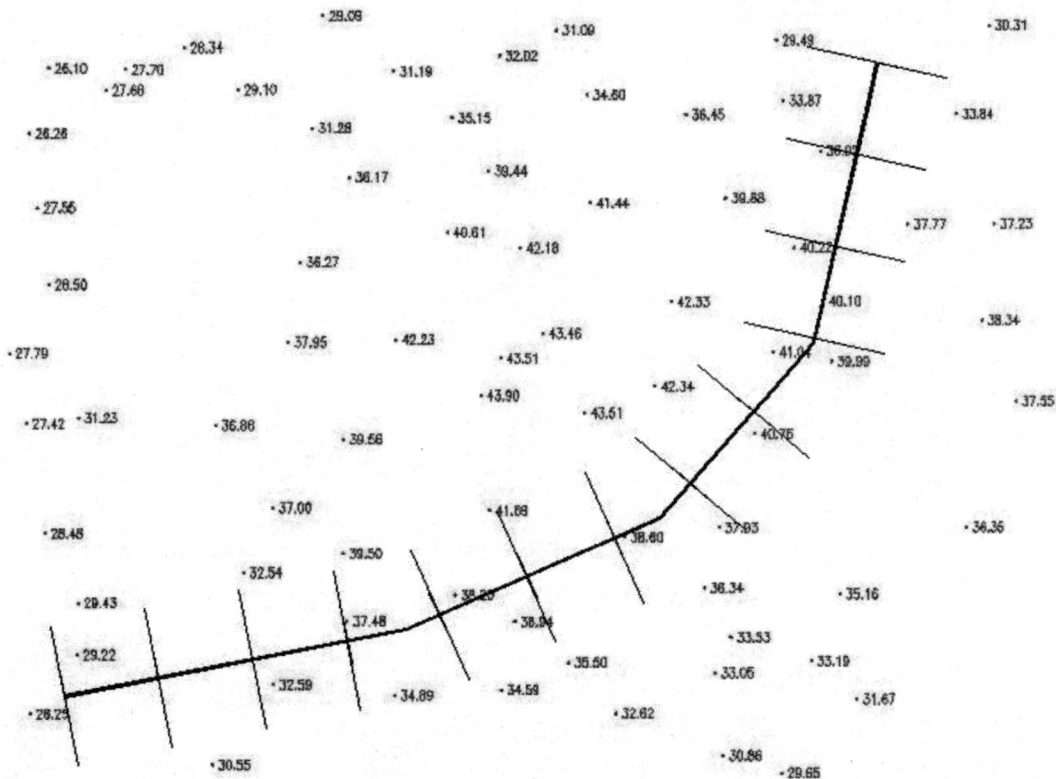

图 3 – 33　由纵断面生成里程文件参数设置

图 3 – 34　沿路线生成横断面线

点击下拉菜单［工程应用］—［生成里程文件］—［由纵断面生成］—［生成］，按提示选择纵断面线（即图上的路线多段线），弹出"生成里程文件"对话框，其中高程点数据文件名点击 ··· 按钮在计算机相应的文件夹中选择"dgx. dat"文件，生成的里程文件名为"沟槽里程文件. hdm"，里程文件对应的数据文件名为"沟槽数据文件. dat"，断面线插值间距为"5"，起始里程为"0",如图 3 – 35 所示。

点击"确定"按钮,即可完成里程文件的生成,生成的里程文件和对应的数据文件内容如图 3 – 36 所示。其中,里程文件内容记录的是桩号、序号、横断面各点距中线距离及对应的高程,对应的数据文件内容记录的则是横断面上各点的坐标及高程。

2. 第二步:设定断面参数,绘制纵、横断面图

断面参数主要包括各桩号横断面的设

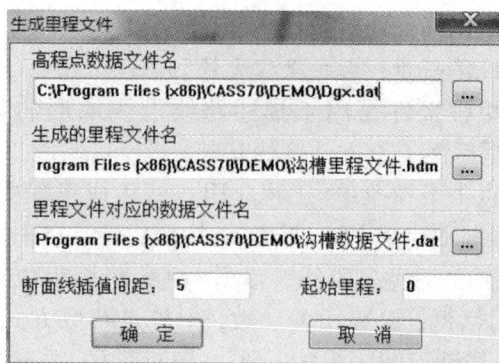

图 3 – 35　生成里程文件参数设置

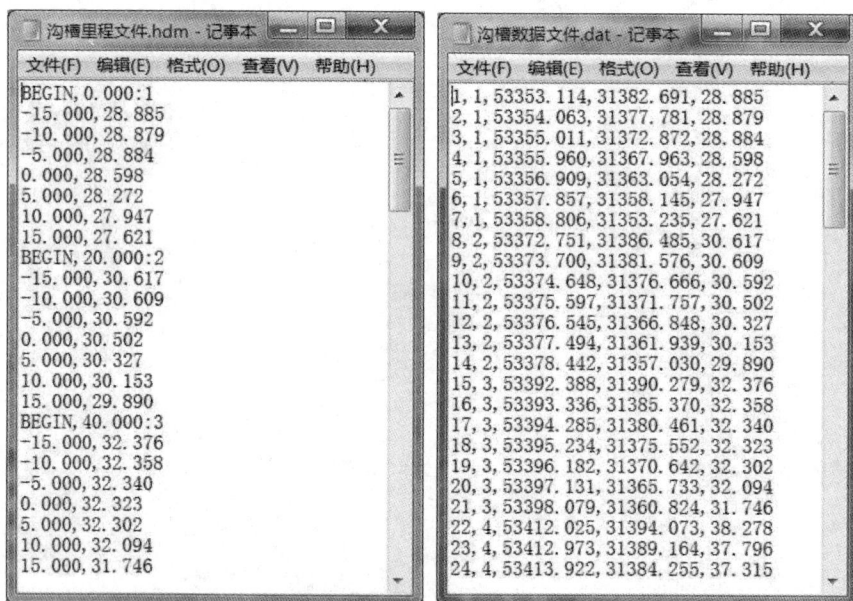

图 3 – 36　生成的里程文件和对应的数据文件内容(部分)

计高程、沟底宽度、开挖边坡等。

各桩号横断面的设计高程,需要新建一个文本文件"沟槽横断面设计文件. txt",将表 3 – 5 中各桩号的沟底设计高程按规定的格式输入该文件中,如图 3 – 37 所示。

断面其他参数在对话框中设置,点击下拉菜单[工程应用]—[断面法土方计算]—[道路断面],弹出"断面设计参数"对话框,选择里程文件为"沟槽里程文件. hdm",横断面设计文件为"沟槽横断面设计文件. txt",其他参数可根据沟

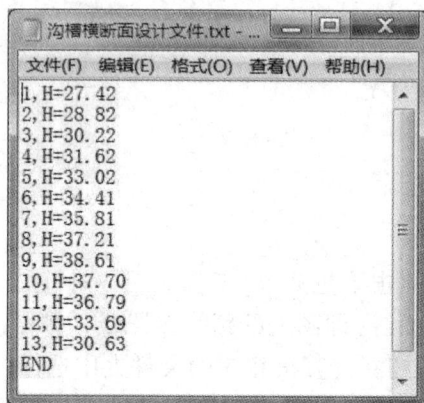

图 3 – 37　沟槽横断面设计文件内容

槽横断面设计尺寸(图3-32)进行相应的设置或输入，如图3-38所示。

点击"确定"按钮，弹出"绘制纵断面图"对话框，通过图上鼠标点击的方式确定纵断面图的绘图位置，其他参数设置如图3-39所示。

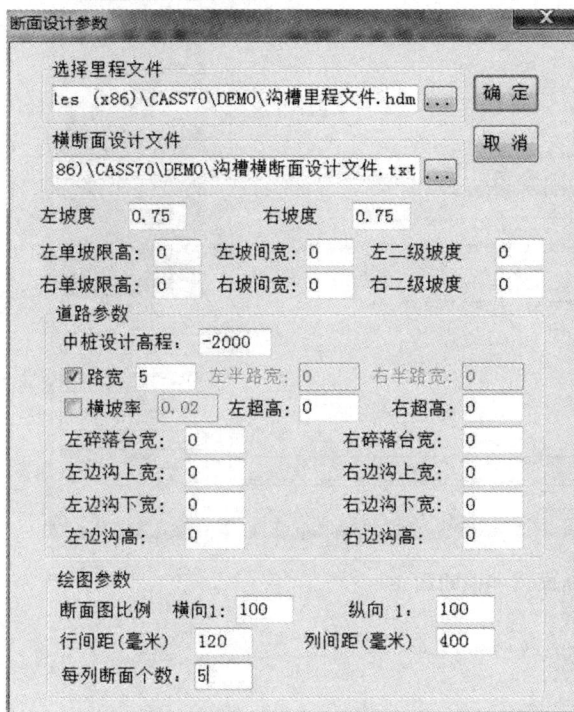

图3-38　断面设计参数设置

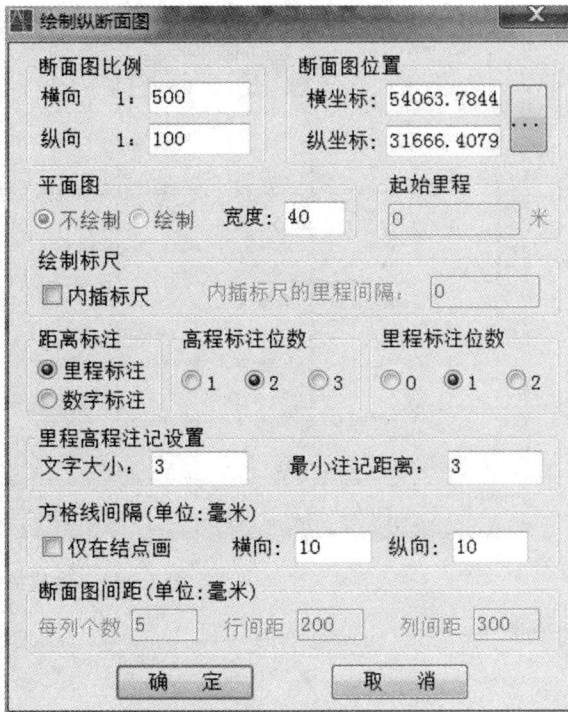

图3-39　绘制纵断面图参数设置

点击"确定"按钮，生成线路纵断面图，再根据提示，鼠标点击绘制横断面图的位置，生成横断面图，如图3-40所示。

图3-41是K0+000的横断面图，图上标注或绘制了横断面序号、地面线与沟槽截面、高程标尺、横向距离与高程、桩号、断面填(挖)方面积等信息。

如果需要修改某个横断面的设计参数，可以点击下拉菜单[工程应用]—[断面法土方计算]—[修改设计参数]，根据命令窗口提示，用鼠标点取需要修改的横断面(点击地面线或设计线均可)，会弹出如图3-38所示的"断面设计参数"对话框，进行相应参数的修改，然后点击"确定"按钮，系统将会对图形和对应的数据进行同步更新。

3. 第三步：计算土方量

点击下拉菜单[工程应用]—[断面法土方计算]—[图面土方计算]，根据命令窗口提示，框选图上所有的横断面图，再根据提示，在图上用鼠标点击生成土石方表左上角的位置，即可生成"土石方数量计算表"，如图3-42所示。

也可点击下拉菜单[工程应用]—[断面法土方计算]—[图面土方计算(excel)]，生成EXCEL格式的"土石方数量计算表"。

本例沟槽的总挖方量是5044 m^3。

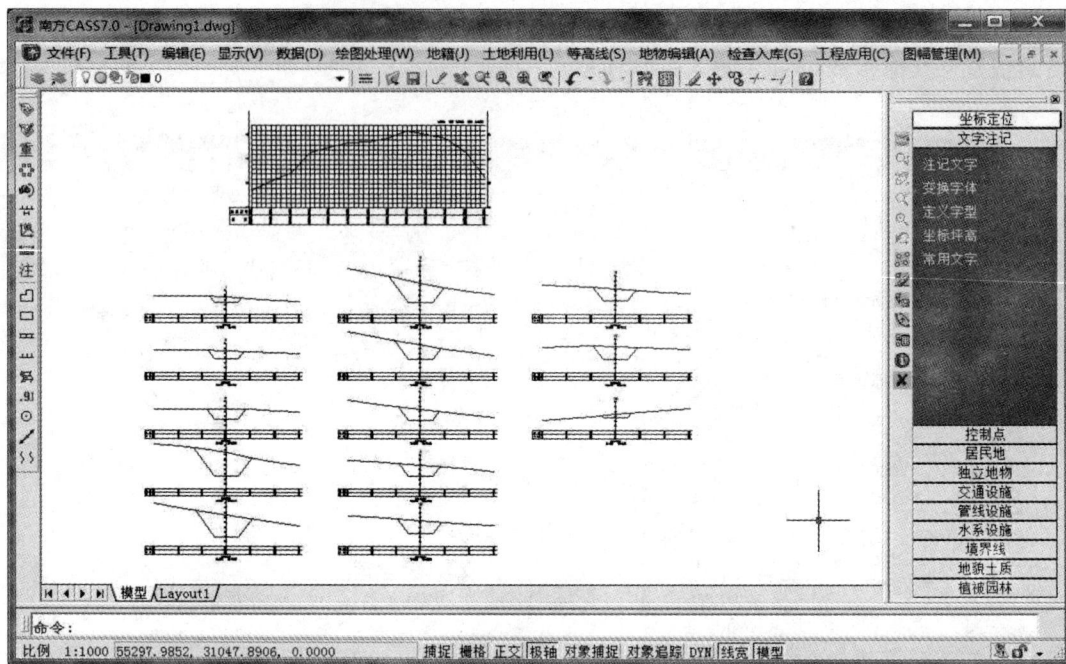

图 3 – 40   生成纵断面图和横断面图

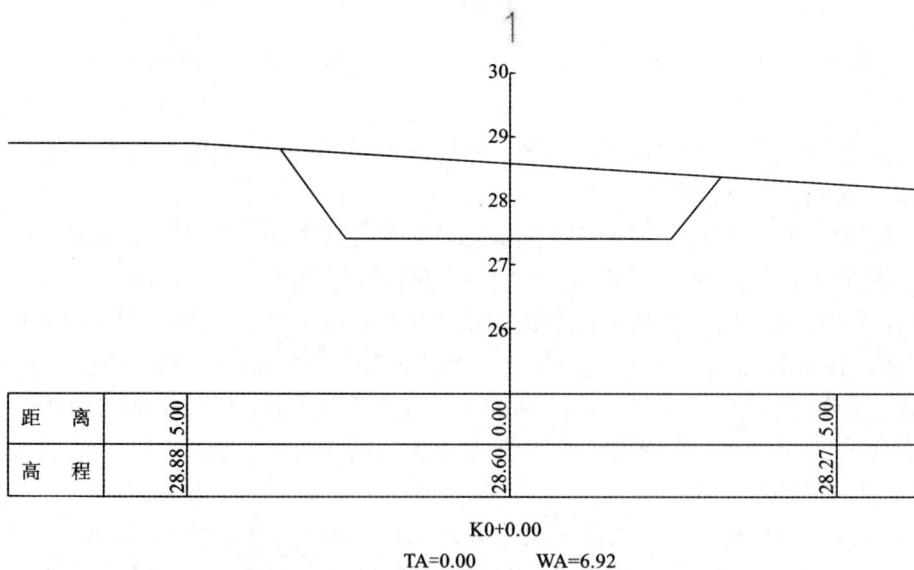

距　离	5.00		0.00		5.00
高　程	28.88		28.60		28.27

K0+0.00

TA=0.00　　　　WA=6.92

图 3 – 41   K0 + 000 的横断面图

土方石数量计算表

里　程	中心高(m)		横断面积(m²)		平均面积(m²)		距离(m)	总数量(m³)	
	填	挖	填	挖	填	挖		填	挖
K0+0.00		1.18	0.00	6.92					
					0.00	8.67	20.00	0.00	173.37
K0+20.00		1.68	0.00	10.42					
					0.00	12.12	20.00	0.00	242.45
K0+40.00		2.10	0.00	13.83					
					0.00	28.02	20.00	0.00	560.46
K0+60.00		4.88	0.00	42.22					
					0.00	40.31	20.00	0.00	806.23
K0+80.00		4.54	0.00	38.40					
					0.00	36.33	20.00	0.00	726.58
K0+100.00		4.12	0.00	34.26					
					0.00	27.95	20.00	0.00	559.00
K0+120.00		2.90	0.00	21.64					
					0.00	18.15	20.00	0.00	362.96
K0+140.00		2.18	0.00	14.65					
					0.00	15.02	20.00	0.00	300.35
K0+160.00		2.30	0.00	15.38					
					0.00	16.75	20.00	0.00	335.09
K0+180.00		2.58	0.00	18.13					
					0.00	18.13	20.00	0.00	362.55
K0+200.00		2.61	0.00	18.13					
					0.00	18.99	20.00	0.00	379.83
K0+220.00		2.80	0.00	19.85					
					0.00	11.95	19.69	0.00	235.27
K0+239.69		0.72	0.00	4.05					
合　计								0.0	5044.1

图 3 - 42　生成的土石方数量计算表

3.3.6　两期间的土石方计算

两期间的土石方计算，是指对于同一土方计算区域，根据两个不同时期测得的地面高程，计算两期之间的土方量的变化，这种计算适用于两个时期的地面均为不规则表面。

【操作 3 - 10】　某区域原始地面的坐标数据文件是"dgx. dat"，经过一段时期的土石方开挖施工后，其地表所测得的坐标数据文件保存为"dgx2. dat"，请计算两期间的土方量。

首先，根据两个时期的坐标数据文件分别建立 DTM，并分别保存为同名的三角网文件(dgx. sjw 和 dgx2. sjw)，相关操作方法请参考【操作 3 - 1】。

点击下拉菜单[工程应用]—[DTM 法土方计算]—[计算两期间土方]，根据命令窗口的提示，选择第一期三角网文件为"dgx. sjw"，选择第二期三角网文件为"dgx2. sjw"，弹出的信息框和命令窗口显示两期间的土方计算结果"挖方量=36783.1 立方米，填方量 =0.0 立方米"，如图 3 -43 所示。

图 3 - 43　两期间土方计算结果

点击"确定"按钮，图形展示两期三角网叠加的效果，蓝色部分表示该处的高程发生变化，红色部分表示没有变化，如图 3 – 44 所示。

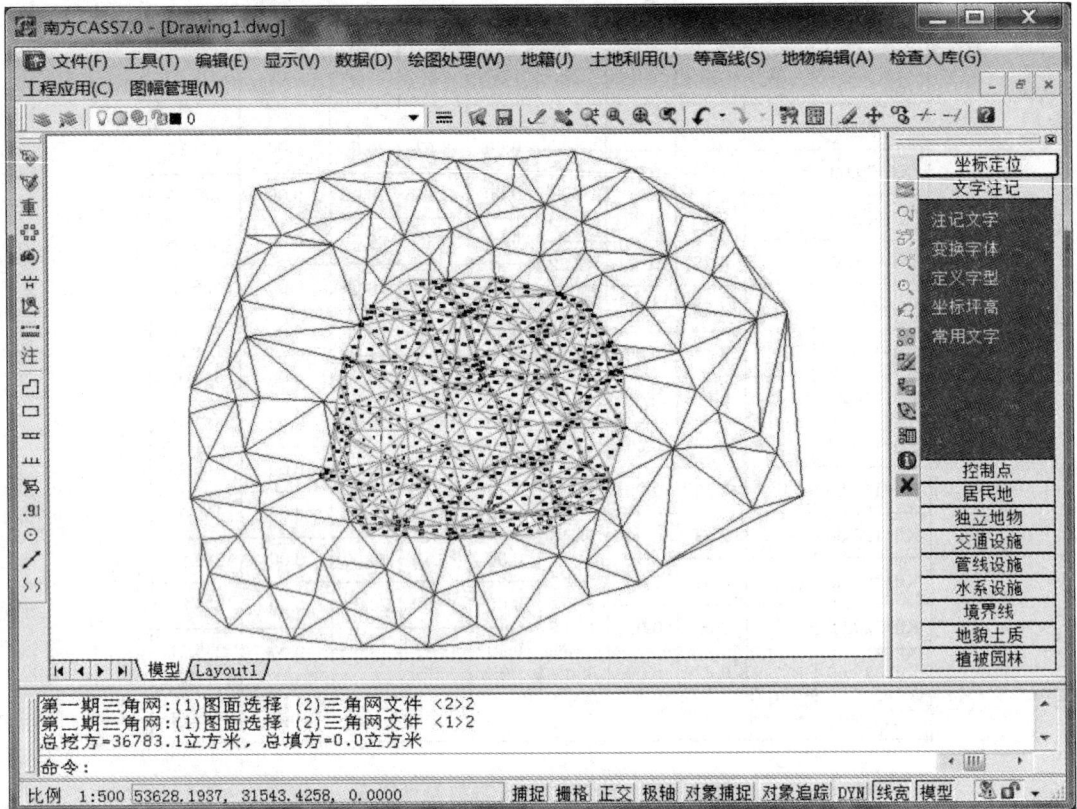

图 3 – 44 两期三角网叠加效果

3.4 建立数字地面模型的其他方法

第 3.2.2 节介绍的是数字地面模型的建立，前提是要有一个坐标数据文件，该文件内容是地形碎部点的坐标和高程，通常利用全站仪或者 GPS 在现场直接测量采集。此外，还可以从电子地形图和纸质地形图上获取坐标和高程数据，进而建立对应的数字地面模型。

3.4.1 根据电子地形图建立 DTM

电子地形图上，标注的高程点都绘制在同一个图层上，这个图层名称通常是"gcd"或"高程点"。利用 CASS 软件，可以读取电子地形图上的高程点，并生成坐标数据文件。

【操作 3 – 11】 根据电子地形图"重庆黔江某区地形图. dwg"，读取图中高程点，建立坐标数据文件"重庆黔江某区高程点坐标. dat"。

首先打开电子地形图"重庆黔江某区地形图. dwg"，用鼠标点击任意高程点注记，确认图中高程点所在图层名为"GCD"，如图 3 – 45 所示。

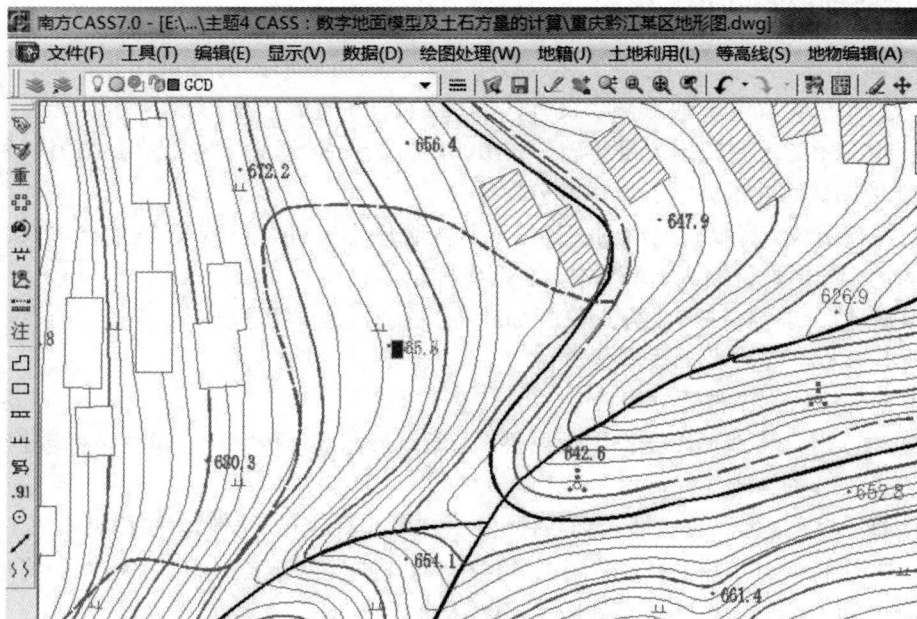

图 3 - 45　确认高程点注记所在的图层名

点击下拉菜单［工程应用］—［高程点生成数据文件］—［无编码高程点］，在弹出的对话框中输入坐标数据文件名"重庆黔江某区高程点坐标"，在命令栏输入高程点所在层：GCD，提示本电子地形图共读入 511 个高程点。

为了检查电子地形图上标注的高程点是否有错误或者异常，可以先将坐标数据文件"重庆黔江某区高程点坐标.dat"生成数模三角网，再通过"三维动态观察器"观察生成的三角网，发现和核对可疑的高程异常点，如图 3 - 46 所示。

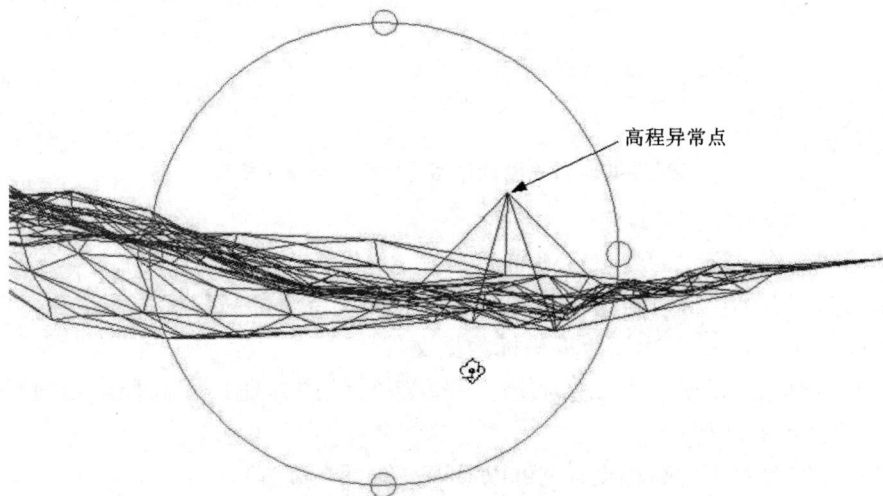

高程异常点

图 3 - 46　通过观察三角网检查高程异常点

3.4.2 纸质地形图的数字化

尽管当前新测的地形图均已电子化或数字化，但纸质地形图的存量还非常多，或者有时因条件受限，无法获取电子地形图，只有印刷（或打印）的纸质地形图。将纸质地形图数字化，可以使用专用的地图扫描矢量化软件，比如南方的 CASSCAN。这里，介绍另一种无需专用软件的地形图数字化的方法，其基本步骤是：

（1）利用扫描仪，将纸质地形图扫描另存为光栅图形文件（jpg 或 tif 图片格式）；

（2）将光栅图形文件插入 CASS 中，准确坐标定位；

（3）根据地形图上标注的坐标点位置和高程，标注全部高程点；

（4）所有高程点生成坐标数据文件；

（5）根据坐标数据文件建立 DTM。

【操作 3 – 12】 将地形图光栅图形文件"光栅地形图.tif"数字化，建立坐标数据文件"光栅地形图高程点坐标.dat"。

首先，将"光栅地形图.tif"插入到 CASS 中，准确坐标定位，操作方法详见本书 1.2.2 节。

然后，标注高程点。在 CASS 左侧工具栏中，点击"交互展点"命令按钮 .9⌐ ，将地形图上的高程点逐个进行标注，标注结果如图 3 – 47 所示。

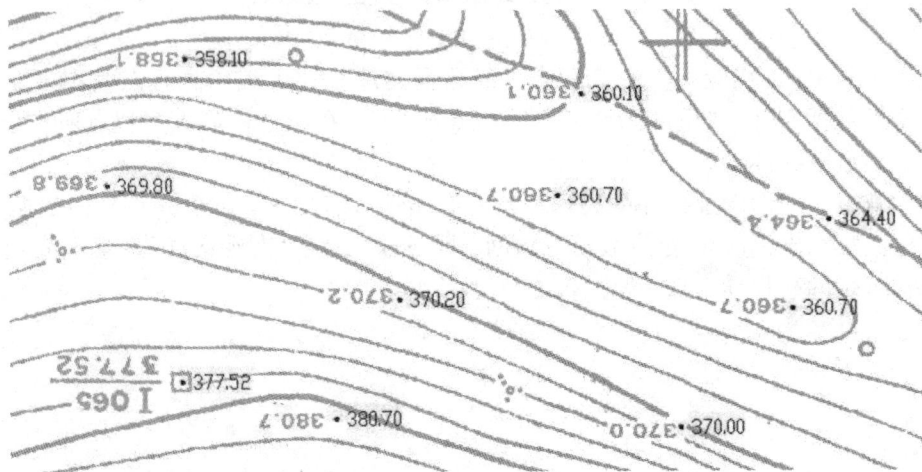

图 3 – 47 对光栅地形图上的高程点逐个标注

高程点标注操作过程中的注意事项如下：

①标注的高程点的坐标可暂时不用保存在文件中，待全部高程标注完成后，再使用"高程点生成数据文件"命令，一次性生成坐标数据文件；

②若某点高程标注错误，可以随时使用下拉菜单［绘图处理］—［高程点处理］—［修改高程］命令，修改该点的高程；

③可以标注图上对应的高程点，也可以沿等高线标注高程点。

同样地，需要检查高程点存在的错误。除了利用"三维动态观察器"观察生成的三角网中的高程异常点外，还可以生成等高线与原图中的等高线进行比较，找出高程异常点，如

图 3 – 48 所示。

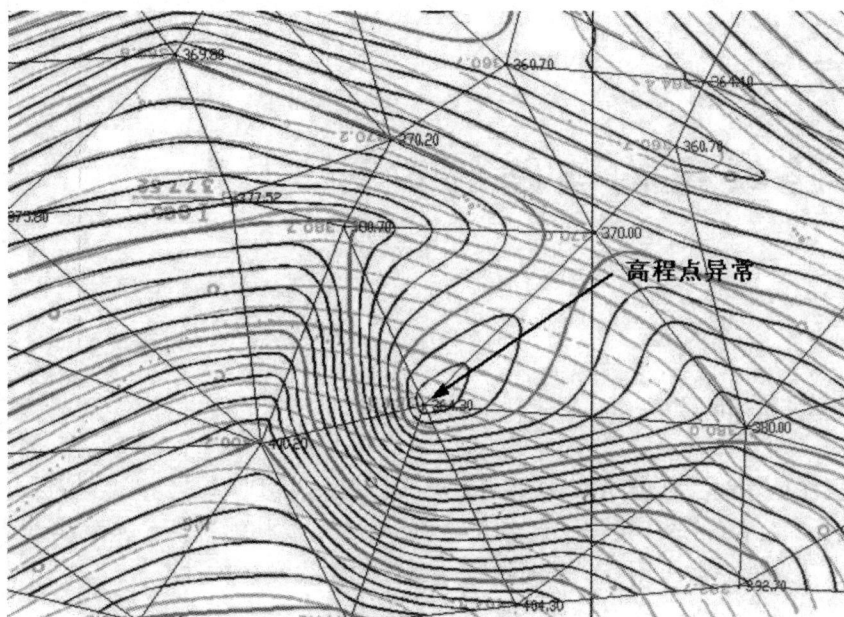

图 3 – 48　通过生成的等高线检查高程异常点

全部高程点检查无误后，点击下拉菜单［工程应用］—［高程点生成数据文件］—［无编码高程点］，生成坐标数据文件"光栅地形图高程点坐标.dat"。

第 **4** 章

纬地：路线重构与路线设计

4.1 纬地软件简介

纬地，全称是纬地三维道路 CAD 系统，英文名"hintCAD"，是路线与互通式立交设计的专业 CAD 软件，在 AutoCAD 操作平台上开发和使用，主要功能包括公路路线设计、互通立交设计、三维数字地面模型应用等，是国内应用最广的路线设计软件。

纬地按照功能划分为三个版本，各版本名称及基本功能如下：

(1)标准版：各等级公路路线的平、纵、横设计和设计图表的绘制输出，适合各等级公路的常规路线设计；

(2)专业版：包含标准版的全部功能，增加了互通式立交设计功能和平交口设计功能，适合高等级公路和互通式立交的设计；

(3)数模版：包含标准版、专业版的全部功能，增加了对数字地面模型(DTM)的支持和应用，以及平面智能布线技术。

按照使用平台的不同，又分为单机版和网络版。教学一般采用标准网络版，用户端计算机在使用前，需要先进行网络设置，在纬地安装文件夹(一般是 C：\Hint60)下找到并运行文件"HSetServer. exe"，在弹出的对话框中输入服务器名称或者服务器的 IP 地址，如：192. 168. 1. 99，如图 4 - 1 所示。

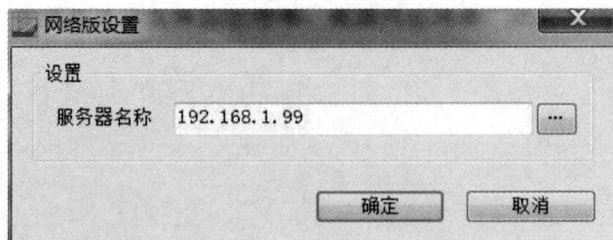

图 4 - 1 用户端计算机设置服务器名称

纬地软件在 AutoCAD 界面的基础上，多了一行下拉菜单，纬地的所有操作一般都通过下拉菜单命令来完成。图 4 - 2 所示是纬地 v6.6(数模版)在 AutoCAD 2006 上的主界面。

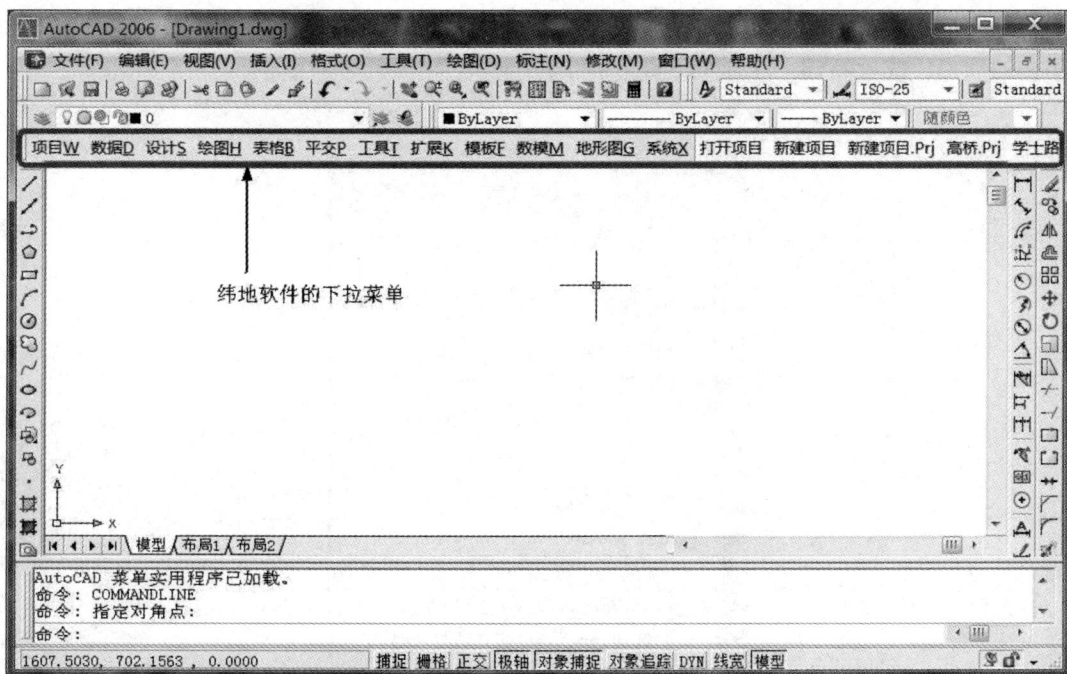

图 4-2 纬地 v6.6 数模版主界面

图 4-3 展示的是纬地 v6.6 数模版的"数据""设计"和"绘图"三个下拉菜单的内容。

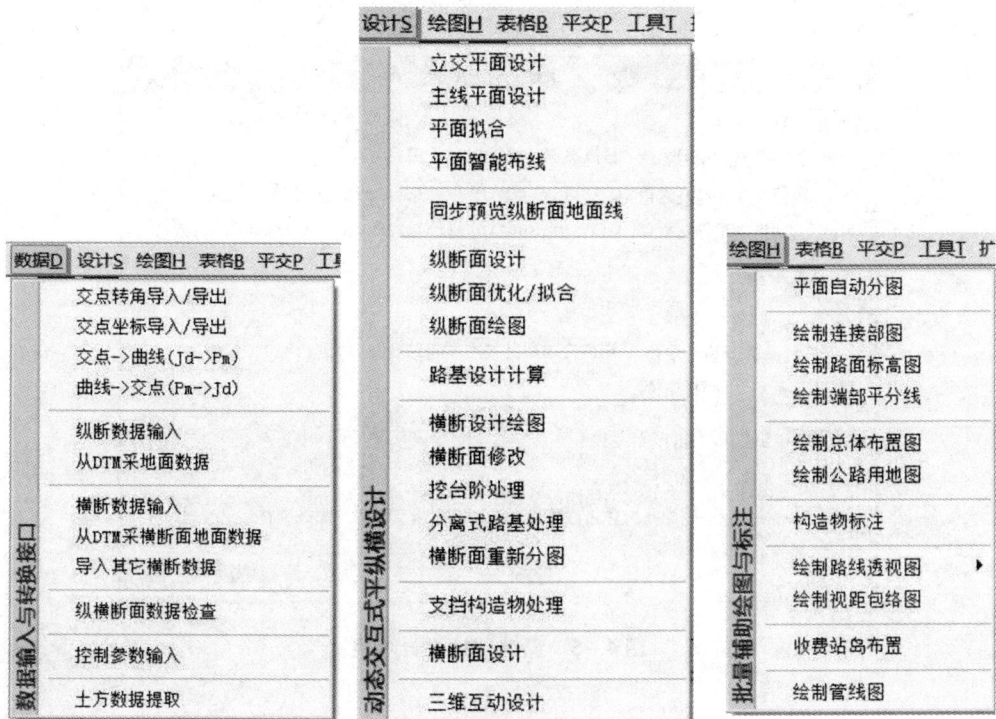

图 4-3 数据、设计和绘图菜单命令截图

使用纬地进行路线设计，需要在指定的项目下进行。点击下拉菜单[项目]，可以打开已经存在的项目，或者新建一个项目(图4-4)。

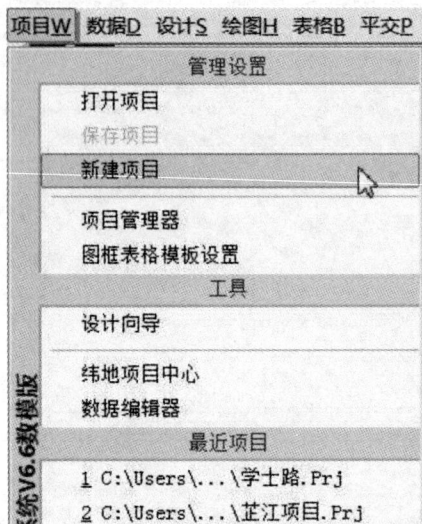

图4-4　打开项目或者新建项目

点击[项目]—[新建项目]后，在弹出的对话框中分别输入新建项目名称、项目文件路径、平面线文件、设计者信息等，项目文件路径选择合适的存储位置(图4-5)。

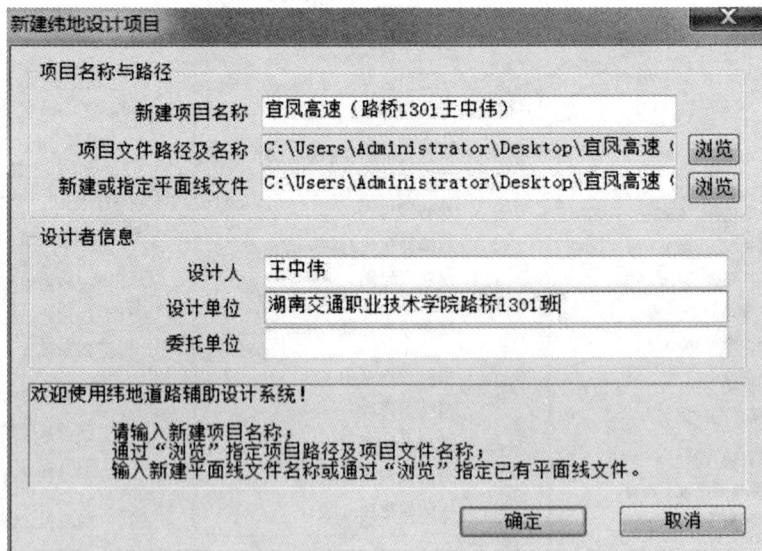

图4-5　新建纬地设计项目

建议先在合适的位置新建一个文件夹，用于存放项目文件，因为以后该项目路线设计过程中将会产生各种数据文件，都存放在该文件夹内，便于管理。

项目新建后，项目所在的文件夹会出现一个扩展名为 prj 的文件，以后要打开一个项目文件，就选择该类型的文件打开即可。此外，[项目]菜单下，会显示最近几个使用的项目名称，可直接点击打开。

使用纬地进行路线的设计（或重构），其基本流程是：打开（或新建）项目→路线平面设计→纵断面设计→横断面设计→设计图表输出。

4.2　既有路线的重新构建

既有路线的重新构建，是指根据现有的路线设计成果（设计图纸），在纬地中重新建立路线的模型，路线的重构常在公路施工中用于竣工图的制作，特别是横断面复测后的横断面图绘制与土石方量计算。

本节学习操作的工程案例是湖南省 YZ 至 FTL 高速公路（以下简称宜凤高速），相关设计图纸见附录。

4.2.1　路线平面的构建

1. 第一步：绘制交点导线

根据直曲表中的交点坐标，在 AutoCAD 中绘制出路线交点导线，即连接路线交点的折线。如，根据宜凤高速的 JD0 ~ JD5 交点坐标，绘制的交点导线如图 4 - 6 所示。

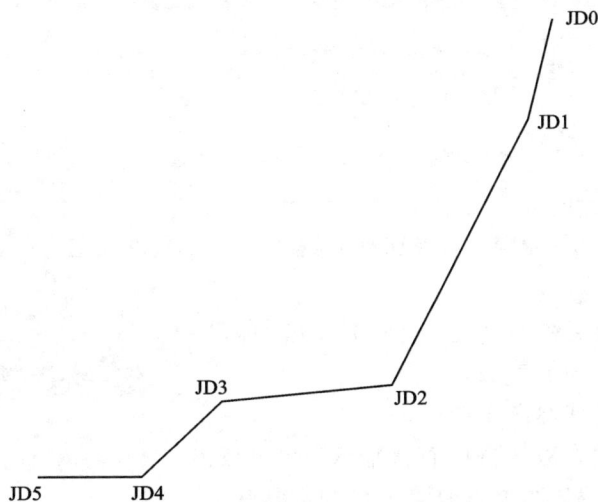

图 4 - 6　JD0 ~ JD5 交点导线的绘制

2. 第二步：调用"主线平面线形设计"对话框

点击下拉菜单[设计]—[主线平面设计]，弹出"主线平面线形设计"对话框，如图 4 - 7 所示。

3. 第三步：保存为平面数据文件

点击"存盘"或"另存"按钮，将平面交点数据保存在项目同名的文件中（扩展名为

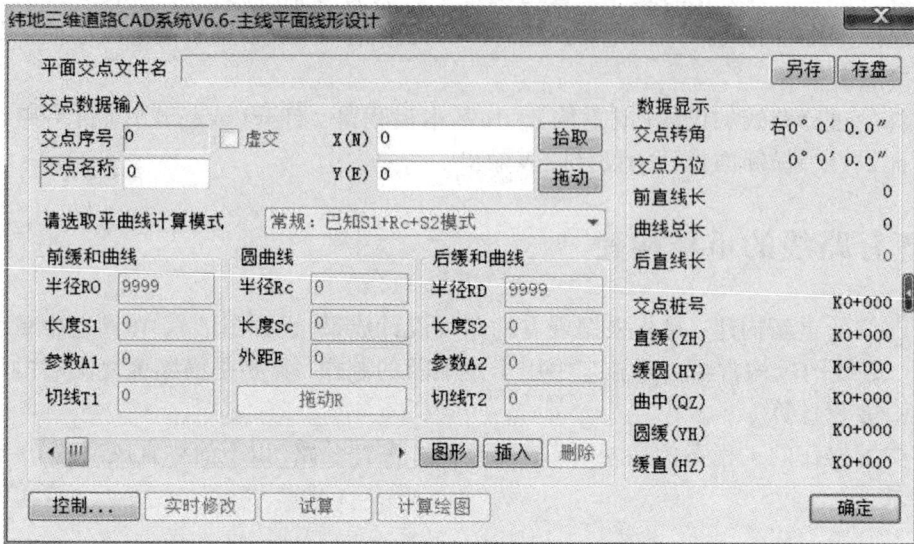

图4-7 主线平面线形设计对话框

*.JD），注意要保存在项目所在的文件夹中。其间会弹出确认对话框（图4-8），点击"是"按钮即可。

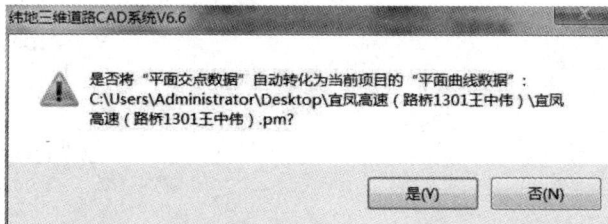

图4-8 平面数据保存与转化的确认对话框

后续步骤中，平面参数有变化，可随时点击"存盘"按钮，保存当前的平面数据参数。

4. 第四步：输入路线起点坐标

路线起点坐标，可在数据框中直接输入，也可点击"拾取"按钮，在 AutoCAD 图上点取路线起点获得坐标。

5. 第五步：插入后续的交点

点击"插入"按钮，在当前交点后插入一个新的交点，系统提示会提示确认"是否插入交点"，点击"是"，如图4-9所示。

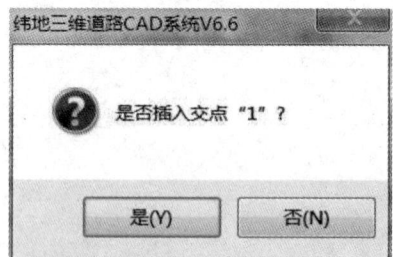

图4-9 确认是否插入交点

此时，在 AutoCAD 的交点导线图上通过依次点击 JD1、JD2、JD3、JD4、JD5，读取相应的交点坐标，如图4-10所示。

图4-11所示为 JD1 的平面参数，此时只有交点坐标，暂无曲线半径和缓和曲线长度。

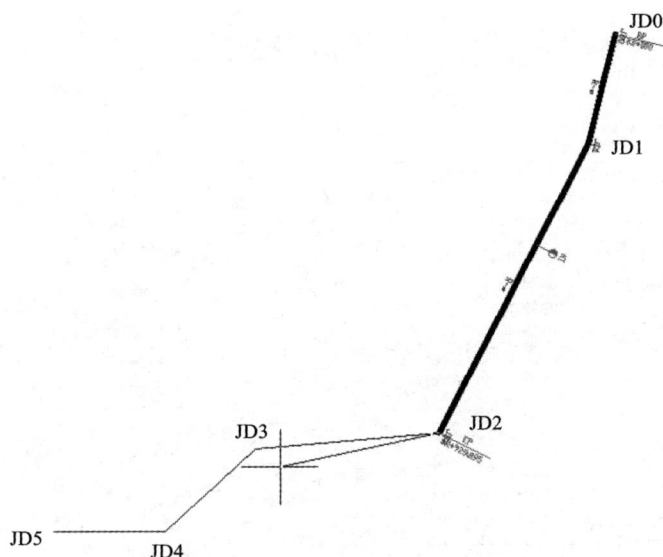

图 4 – 10 依次点击 JD 点获取相应的交点坐标

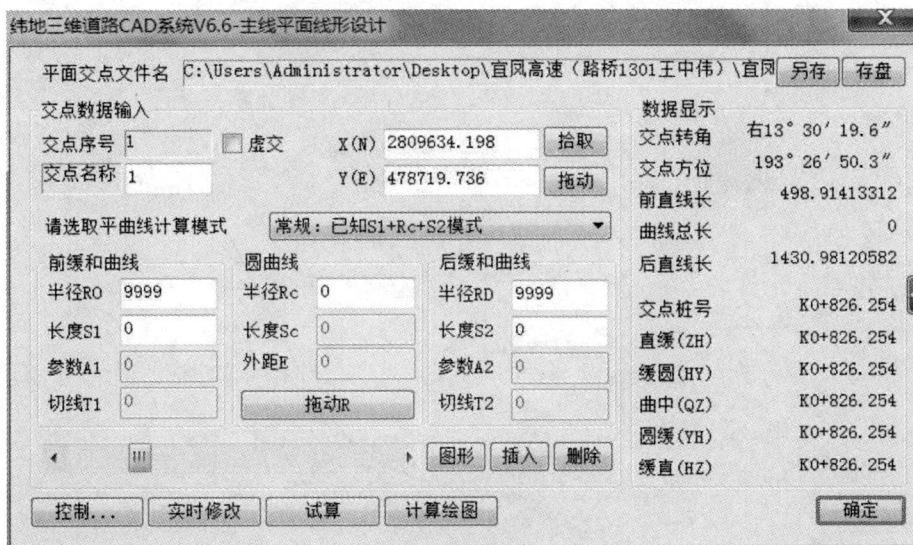

图 4 – 11 JD1 的平面参数

可以通过点击 ◀ ▶ 按钮来查看前、后交点的平面参数。

6. 第六步：输入圆曲线半径和缓和曲线长度

依次在对应的位置输入每个交点的圆曲线半径 Rc、前缓和曲线长度 S1、后缓和曲线长度 S2。

数据输入后，点击"试算"按钮，即可计算出该交点的曲线要素和主点桩号等参数，图

4－12所示是 JD2 的平面参数及曲线要素、主点桩号计算结果。

图 4－12　JD2 的平面参数及曲线要素、主点桩号

点击"计算绘图"按钮，图形即可根据输入的参数刷新重绘，此时，JD0～JD5 平曲线已经自动绘制生成，如图 4－13 所示。

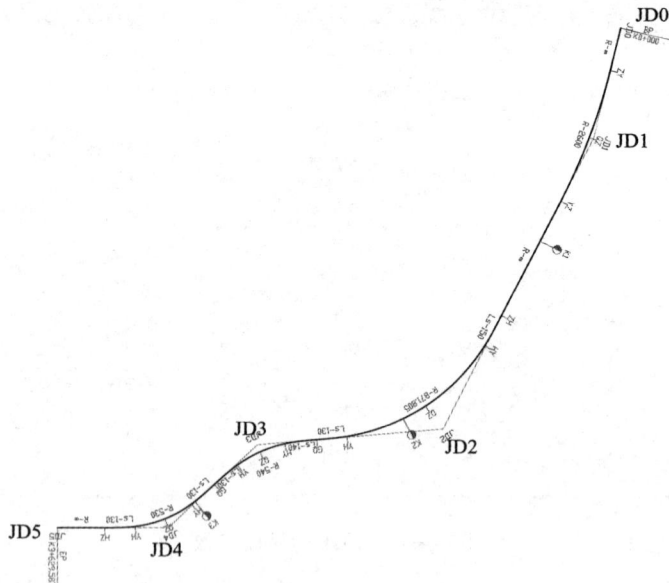

图 4－13　生成 JD0～JD5 的平面曲线

7. 第七步：设定路线起点桩号

系统对于路线起点桩号缺省为 K0＋000，但本项目路线起点桩号为 K0＋327.34，需要重新设定。在"主线平面线形设计"对话框中点击"控制…"按钮，在弹出的对话框中，输入路线起始桩号为 327.34(图 4 - 14)。

点击"确定"后，回到"主线平面线形设计"对话框，点击"试算""计算绘图"按钮进行重新计算和重新绘图。修改关键平面参数后，记住要随时点击"保存"，及时存盘。

至此，路线平面(JD0 ~ JD5 路段)的建构就完成了，所有项目和平面相关的参数均保存在项目所在的文件夹中。

4.2.2 路线平面数据的导入/导出

1.路线平面数据的导出

纬地项目中的路线平面设计参数，可以导出为交点数据格式的文本文件，供其他路线设计软件使用。

点击下拉菜单[数据]—[交点坐标导入/导出]，弹出对话框，点击"交点数据导出"按钮，当前项目的路线平面参数即读入到对话框中，如图 4 - 15 所示。

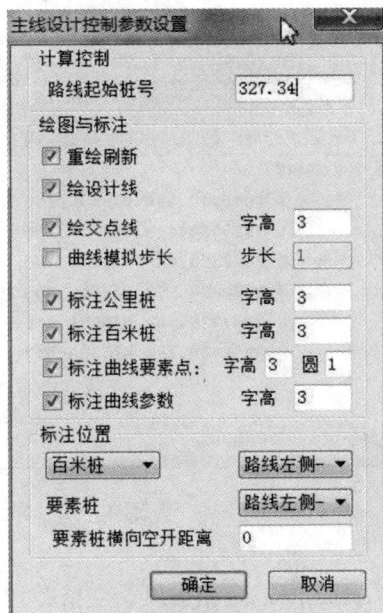

图 4 - 14 设置路线起始桩号

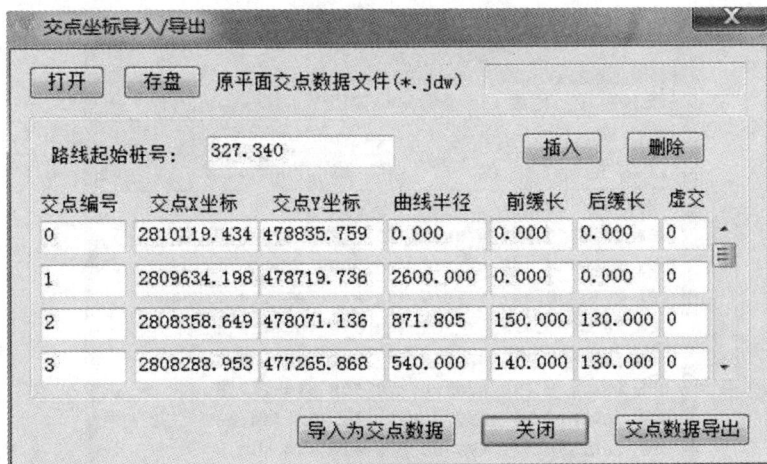

图 4 -15 读入当前项目的路线平面交点数据

点击"存盘"按钮，选择数据文件存放路径和文件名，即可将当前项目的平面数据保存到一个 ＊.jdw 文件中，内容为交点格式的平面数据文本文件，如图 4 -16 所示。

路线交点数据文件(＊.jdw)的格式为：

起点桩号
交点编号，交点坐标 X，交点坐标 Y，曲线半径，第一缓曲长，第二缓曲长，虚交控制点数
……

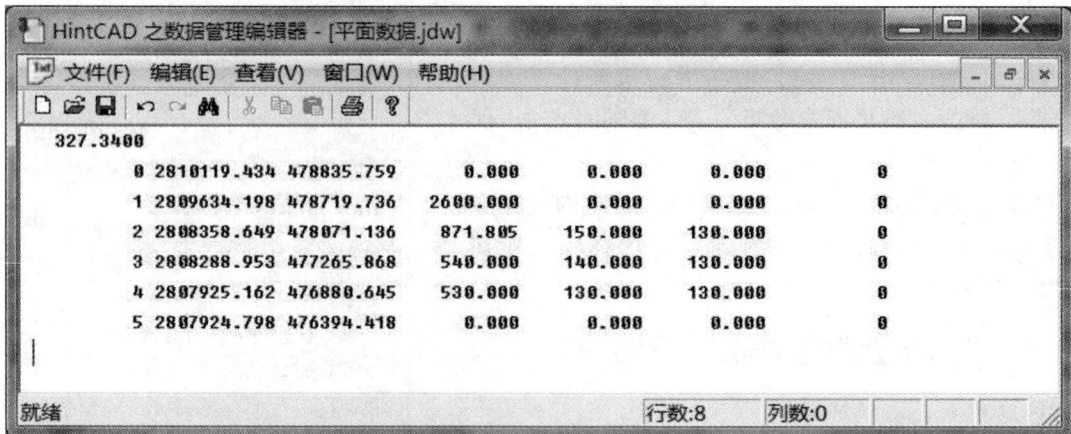

图 4 – 16 导出的交点格式平面数据文本文件内容

数据之间以空格分开，空格数量不限。

2. 路线平面数据的导入

反过来，也可以将路线交点数据文件(＊.jdw)导入到纬地中。

首先建立一个文本文件，按照纬地路线交点数据格式要求，输入路线的平面交点参数，如宜凤高速的 JD0 ~ JD10 的交点数据，保存为"宜凤 JD0 – JD10.jdw"，如图 4 – 17 所示。

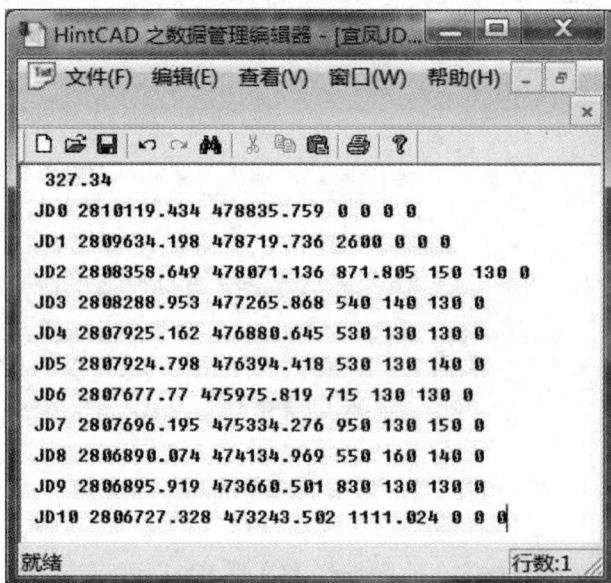

图 4 – 17 宜凤高速的 JD0 ~ JD10 的交点数据文件内容

在纬地中点击下拉菜单[数据]—[交点坐标导入/导出]，弹出对话框，点击"打开"按钮，将"宜凤 JD0 – JD10.jdw"文件内容读入到当前窗口中，如图 4 – 18 所示。

再点击"导入为交点数据"按钮，将平面交点数据另存为 ＊.JD 文件，可同名替换为原来

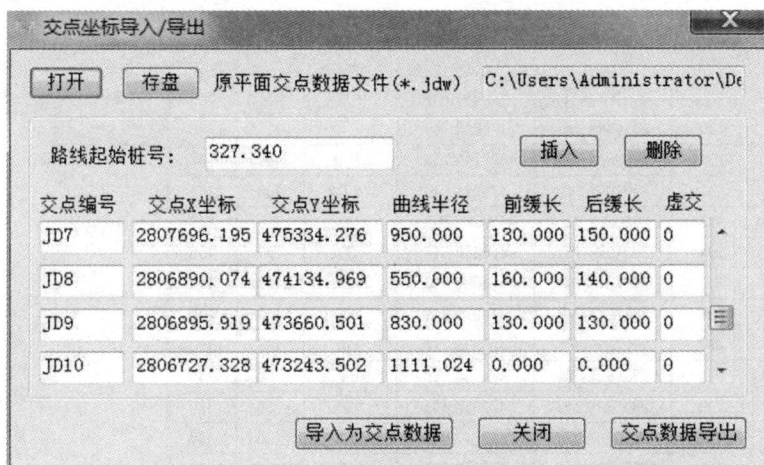

图 4 – 18　打开并读入宜凤高速 JD0 ~ JD10 的交点数据文件

路线项目的 ∗.JD 文件，也可另存为其他文件名后，在项目管理器中重新指定平面交点文件（∗.JD），如图 4 – 19 所示。

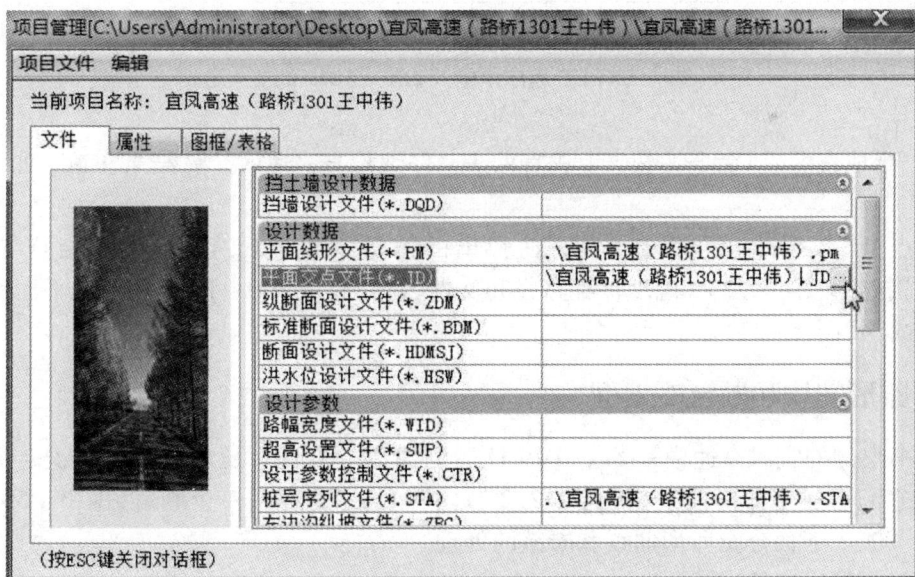

图 4 – 19　项目管理器中重新指定平面交点文件(∗.JD)

3. 利用 EXCLE 程序自动生成路线平面数据文件

在文本文件中手工输入路线平面交点参数比较繁琐，且出错后不易检查。可以利用 EXCLE 程序"道路中边桩坐标计算程序 140920. xls"导出纬地格式的路线交点数据文件（∗.jdw）。

首先，在"道路中边桩坐标计算程序 140920. xls"中输入宜凤高速的 JD0 ~ JD19 的平面数据,如图 4 – 20 所示。

	A	B	C	D	E	F	G	H	I
1	序号	交点号	X(N)坐标	Y(E)坐标	半径	Ls1	Ls2	桩号	生成直曲表
2	1	JD0	2810119.434	478835.759				327.34	
3	2	JD1	2809634.198	478719.736	2600	0	0		
4	3	JD2	2808358.649	478071.136	871.805	150	130		
5	4	JD3	2808288.953	477265.868	540	140	130		
6	5	JD4	2807925.162	476880.645	530	130	130		
7	6	JD5	2807924.798	476394.418	530	130	140		
8	7	JD6	2807677.770	475975.819	715	130	130		
9	8	JD7	2807696.195	475334.276	950	130	150		
10	9	JD8	2806890.074	474134.969	550	160	140		
11	10	JD9	2806895.919	473660.501	830	130	130		
12	11	JD10	2806727.328	473243.502	1111.024	130	150		
13	12	JD11	2806589.242	472018.304	635	160	130		
14	13	JD12	2806155.072	471540.386	500	130	160		
15	14	JD13	2806532.428	470553.616	425	160	160		
16	15	JD14	2805878.141	470146.509	550	140	160		
17	16	JD15	2805806.424	469502.613	1100	130	140		
18	17	JD16	2805502.804	468987.444	1000	140	160		
19	18	JD17	2805379.245	467701.474	435	200	180		
20	19	JD18	2804310.164	467781.470	850	180	150		
21	20	JD19	2803576.231	467433.536					

图 4 – 20　EXCEL 程序中输入 JD0 ~ JD19 的交点数据

点击"生成直曲表"命令按钮,生成直曲表,仔细检查,确认计算结果正确,如图 4 – 21 所示。

然后点击"数据导出"命令按钮,在弹出的窗口中再点击"纬地平面交点导入文件 (＊.jdw)"按钮(图 4 – 22),确定保存路径和文件名为"宜凤 JD0 – JD19.jdw",平面交点数据文件导出成功(图 4 – 23)。

4.2.3　卵形曲线和断链的处理

在本书案例的宜凤高速中,接着 JD19 往后到 JD22,有两个比较特殊的情况,一是有两个 JD20,它们组成了卵形曲线(详见 2.2.2 节内容),二是存在一个断链,K16 + 501.035 = K16 + 500.001。下面介绍卵形曲线和断链的处理。

1.卵形曲线的处理

根据直曲表,我们接着之前的 JD19 在纬地平面设计中插入 JD20 ~ JD22,并拾取(或者输入)相应的交点坐标。然后,从 JD19 开始,依次设定每个交点的半径和缓和曲线长度。对于第一个 JD20,根据直曲表可知,半径有两个值,第一个半径是 1400 m,是圆曲线半径值,第二个半径是 2800 m,是第二缓和曲线(后缓和曲线)终点的半径值。

在"主线平面线形设计"对话框中,对于第一个 JD20,按之前的方法输入圆曲线半径 Rc、前缓和曲线长度 S1、后缓和曲线长度 S2,注意要将后缓和曲线半径 RD 的数值由缺省值 "9999"改为"2800"。

交点号	交点坐标		交点桩号	偏角值		曲线要素值（m）							
	N（X）	E（Y）		左偏	右偏	R	Ls1	Ls2	T1	T2	L	E	ZH
1	2		4	5	6	7	8	9	10	11	12	13	14
JD0	2810119.434	478835.759	K0+327.340										
JD1	2809634.198	478719.736	K0+826.254		13°30'19.6"	2600	0	0	307.855	307.855	612.857	18.162	K0+518.399
JD2	2808358.649	478071.136	K2+254.382		58°06'02.3"	871.805	150	130	559.514	550.002	1024.052	126.539	K1+694.868
JD3	2808288.953	477265.868	K2+977.195	38°24'51.8"		540	140	130	258.276	253.881	497.047	33.321	K2+718.919
JD4	2807925.162	476880.645	K3+491.934		43°19'05.2"	530	130	130	275.969	275.969	530.703	41.691	K3+215.965
JD5	2807924.798	476394.418	K3+955.927	30°30'11.7"		530	130	140	210.258	214.472	417.163	20.834	K3+746.669
JD6	2807677.770	475975.819	K4+435.413		32°11'28.4"	715	130	130	271.581	271.581	531.718	30.196	K4+163.832
JD7	2807696.195	475334.276	K5+065.776	35°33'08.3"		950	130	150	370.225	379.454	729.480	48.538	K4+695.550
JD8	2806890.074	474134.969	K6+490.626		34°36'46.9"	550	160	140	251.123	242.598	482.261	27.873	K6+239.503
JD9	2806895.919	473660.501	K6+953.670	22°43'08.7"		830	130	130	231.905	231.905	459.114	17.449	K6+721.765
JD10	2806727.328	473243.502	K7+398.764		15°34'58.4"	1111.024	130	150	217.883	226.345	442.168	11.098	K7+180.881
JD11	2806589.242	472018.304	K8+629.660	35°49'24.9"		635	160	160	284.770	271.554	542.027	33.810	K8+344.890
JD12	2806155.072	471540.386	K9+261.048		63°10'53.7"	500	130	160	374.131	387.923	696.363	89.062	K8+886.917
JD13	2806532.428	470553.616	K10+251.820	79°02'13.8"		425	160	160	432.548	432.548	746.270	129.183	K9+819.272
JD14	2805878.141	470146.509	K10+903.597		51°45'15.1"	550	140	160	338.054	347.100	646.805	63.195	K10+565.542
JD15	2805806.424	469502.613	K11+513.125	24°09'29.1"		1100	130	140	300.778	305.298	598.802	25.612	K11+212.347
JD16	2805502.804	468987.444	K12+103.835		25°01'30.7"	1000	140	160	292.686	301.554	586.772	25.294	K11+811.149
JD17	2805379.245	467701.474	K13+388.258	88°47'27.6"		435	200	180	528.759	519.548	864.117	178.638	K12+859.499
JD18	2804310.164	467781.470	K14+276.138		29°38'36.1"	850	180	150	314.330	301.177	604.768	30.647	K13+961.808
JD19	2803576.231	467433.536	K15+077.629										

图 4 – 21　EXCEL 程序计算生成 JD0 ～ JD19 直曲表

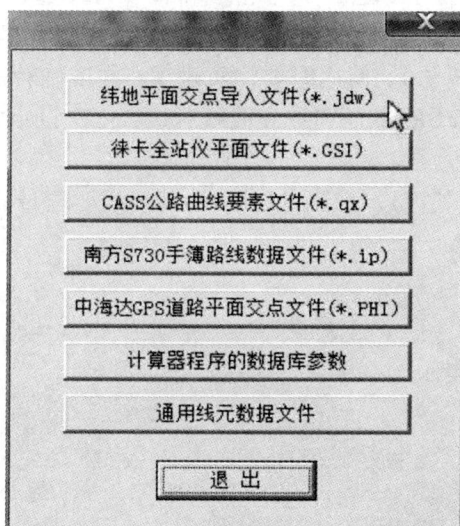

图 4 – 22　导出为"纬地平面交点导入文件（∗.jdw）"

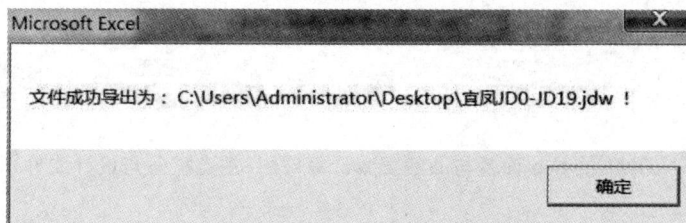

图 4 – 23　"宜凤 JD0 ～ JD19.jdw"文件成功导出

点击"试算"按钮,计算出的 JD20 的曲线要素和主点桩号,与设计文件的直曲表结果是一致的(图 4 - 24)。

图 4 - 24　卵形曲线 JD20 的参数设置与曲线要素计算截图

总之,纬地中设定卵形曲线,重点是准确理解中间缓和曲线的两个半径值并准确设定。

注意,不同的设计软件生成的直曲表,其卵形曲线的格式或表达方式也会有所区别,特别是卵形曲线的交点位置可能与纬地的表示方式不一致(可参阅纬地帮助文档附录的一篇论文:公路路线的交点曲线计算法),使用时要注意理解,并准确转换。

后面的第二个 JD20、JD21 的半径和缓和曲线长度,依次设定完毕并试算。

2. 断链的设置

JD21 的半径和缓和曲线长度设置后,试算,发现曲线要素计算正确,而主点桩号与直曲表不一致,如图 4 - 25 所示。

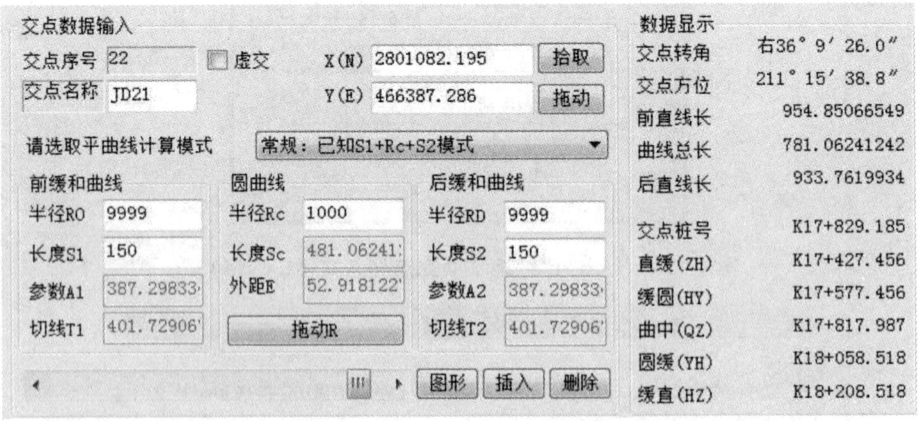

图 4 - 25　JD21 的参数设置与曲线要素计算截图(主点桩号与设计文件不一致)

这是因为 JD21 之前存在一个断链,K16 + 501.035 = K16 + 500.001,需要在纬地中设置断链后,才能准确推算桩号。

在纬地中点击下拉菜单[项目]—[项目管理器]，弹出"项目管理"对话框，对话框有三个页面，分别是"文件""属性"和"图框/表格"，如图 4 - 26 所示。

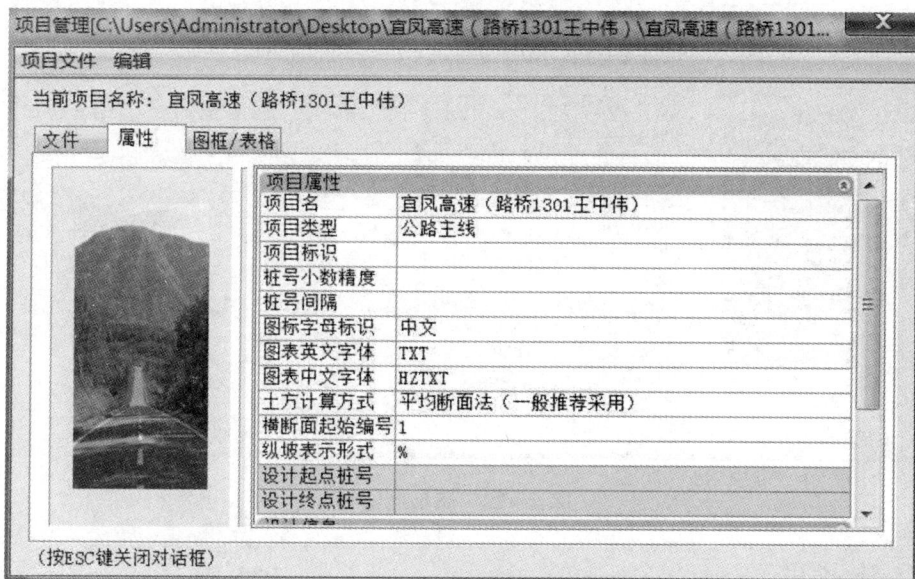

图 4 - 26　"项目管理"对话框

点击"属性"页面，再点击对话框的下拉菜单[编辑]—[添加断链]，如图 4 - 27 所示。

图 4 - 27　"添加断链"菜单

"属性"页面的最下端，将新增一处"断链 1"，输入断链前、后桩号，程序自动计算断链长度，如图 4 - 28 所示。

按 ESC 键退出对话框，再进入"主线平面线形设计"对话框，调出 JD21，主点桩号已经变为断链后的准确桩号了，如图 4 - 29 所示。

点击"计算绘图"按钮重新绘制路线平面图，可以看到平面图上的对应位置已标注了断链信息，如图 4 - 30 所示。

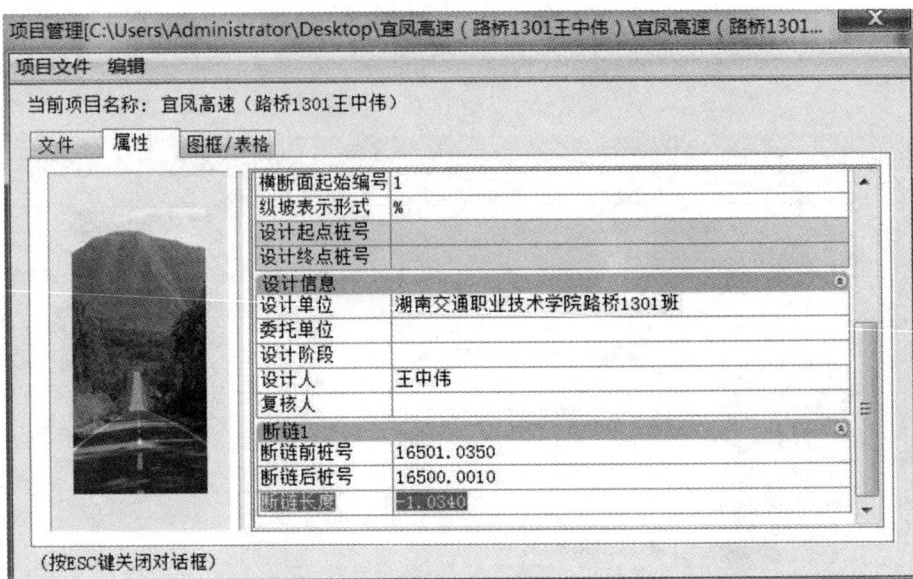

图 4 – 28　添加断链

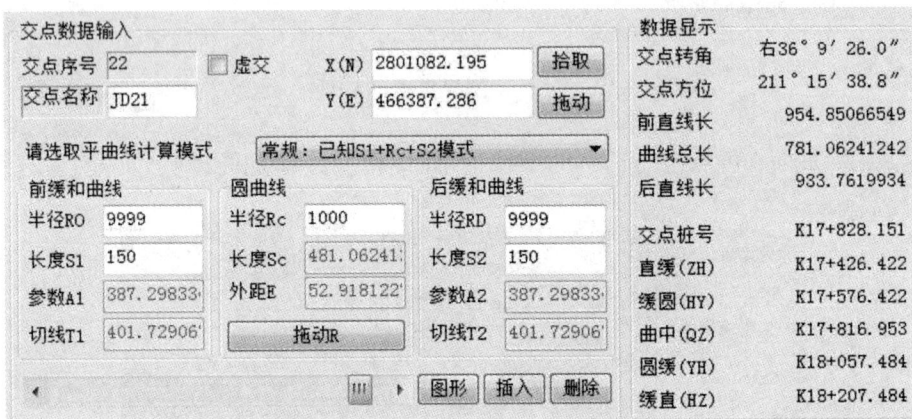

图 4 – 29　JD21 的参数设置与曲线要素计算截图（主点桩号与设计文件一致）

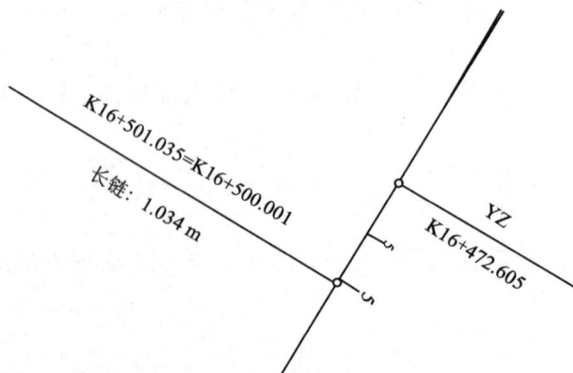

图 4 – 30　平面图上断链信息的标注

4.2.4　路线纵断面的构建

以湖南省宜凤高速 K4 + 400 ~ K6 + 500（长 2100 m）路段为例，在上节路线平面构建完成的基础上，继续进行路线纵断面的构建。

路线纵断面，有两条重要的线，一条是中线地面线，另一条是中线设计线，同一个桩号的地面高程和设计高程之差，就是该桩号处的填（挖）高度。

在纬地中重新构建路线纵断面，地面高程可从纵断面图上获取，或者开工前横断面复测时现场实测，路线的设计线从纵断面图（或纵坡竖曲线表）中获取变坡点、竖曲线半径等纵断面设计参数。

1. 第一步：获取路线中桩的地面高程，建立地面线数据文件（ * . dmx）

从纵断面图中，我们先提取 K4 + 400 ~ K6 + 000 之间的逐桩地面高程，编制数据文件"宜凤高速地面线. dmx"，共 98 个桩，如图 4 – 31 所示。文本第一行是文件版本及文件类型名称的信息，以下每一行记录一个桩号的地面高程，数据之间以空格分开，空格数量不限。

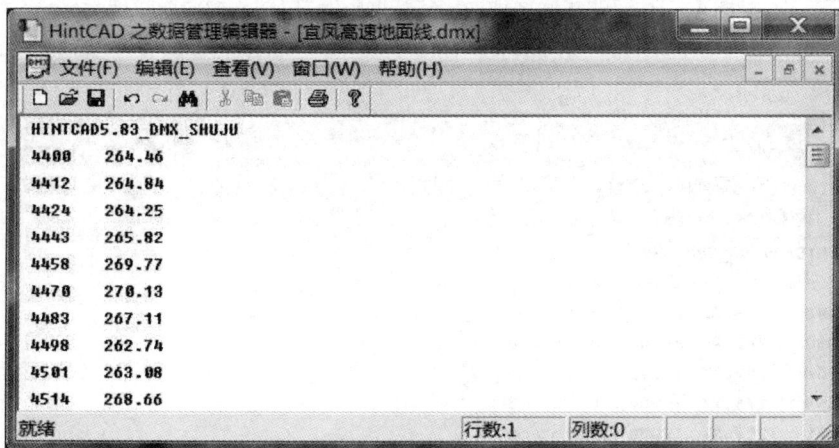

图 4 – 31　地面线数据文件

也可以点击下拉菜单［数据］—［纵断面数据输入］命令，在弹出的"纵断面地面线数据编辑器"中新建、打开、编辑纵断面地面线数据。打开刚才建立的数据文件"宜凤高速地面线. dmx"，通过编辑器输入余下的 K6 + 000 ~ K6 + 500 路段的 28 个桩的地面高程，如图 4 – 32 所示。

桩号前面的字母 A，是存在断链时的路段编号（依次为 A、B、C……），输入桩号时，除了长链有重复桩号的路段需要明确路段编号，其他位置无需输入路段编号，系统会自动识别并标注路段号。

2. 第二步：根据设计文件的纵断面设计参数，建立纵断面设计数据文件（ * . zdm）

根据宜凤高速的纵坡竖曲线表，提取 K4 + 380 ~ K6 + 960 之间的变坡点及竖曲线数据，建立纵断面设计数据文件，如图 4 – 33 所示。文本第一行是文件版本及文件类型名称的信息，第二行是数据文件中变坡点的个数（含起、终点），第三行开始，以下每一行记录一个变坡点的参数，第一个变坡点和最后一个变坡点无竖曲线半径，输入 0，变坡点最后两个参数

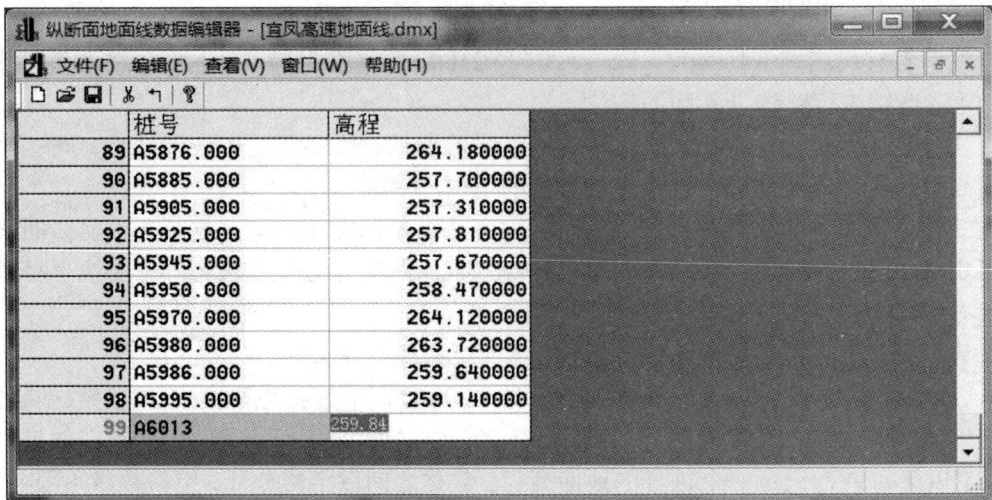

图4-32 在"纵断面地面线数据编辑器"中输入地面线数据

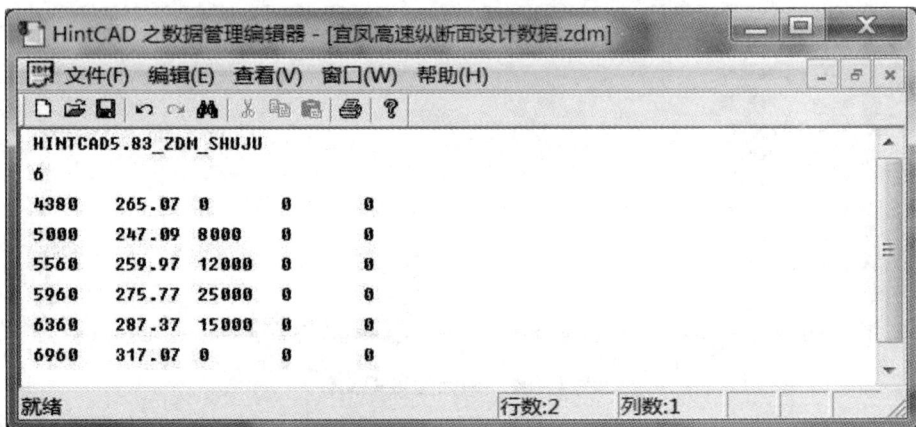

图4-33 纵断面设计数据文件

是针对互通立交匝道上出现的高程错台现象而设置的，公路主线时，这两个参数输为0即可。

数据之间以空格分开，空格数量不限。

3. 第三步：在项目管理器中设定数据文件

点击下拉菜单[项目]—[项目管理器]，弹出"项目管理"对话框，切换到"文件"页面，分别设置纵断面设计文件(∗.ZDM)和纵断面地面线文件(∗.DMX)为之前建立的对应的数据文件，如图4-34所示。

4. 第四步：进入纵断面设计界面，绘制路段整体纵断面图

在纬地中新建一个 AutoCAD 文档，点击下拉菜单[设计]—[纵断面设计]，弹出"纵断面设计"对话框，显示当前的纵断面变坡点、竖曲线设计参数和竖曲线要素，点击上下滚动条(键)可查看前后变坡点和竖曲线参数，如图4-35所示。

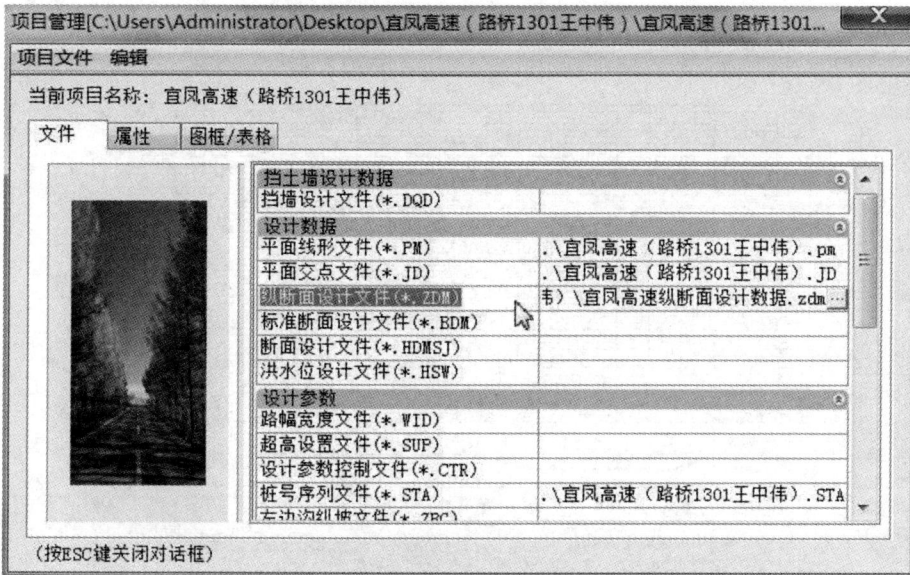

图 4 - 34 设置纵断面设计文件和纵断面地面线文件

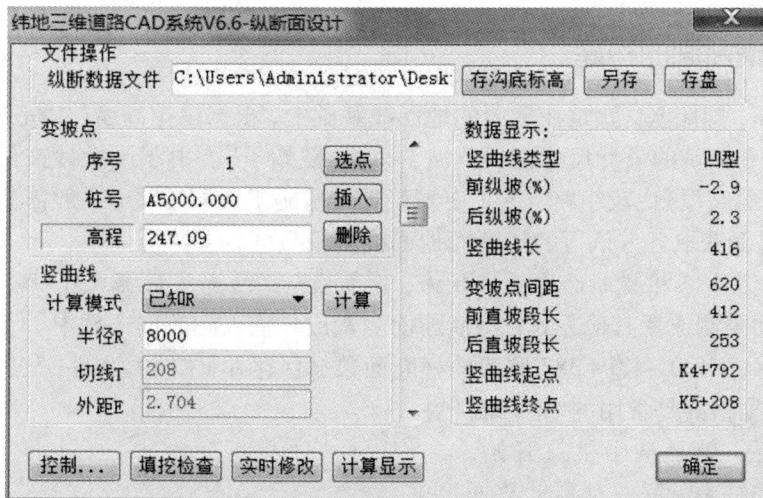

图 4 - 35 纵断面设计对话框

点击"计算显示"按钮，当前屏幕图形中将显示绘出整体的纵断面地面线、设计线、里程桩号和平曲线，屏幕图形下方也会出现一个固定窗口对应显示平曲线，会随着纵断面图的缩放、移动等操作随之横向变化，并始终与纵断面图中的桩号位置对应，如图 4 - 36 所示。在该界面下，可以进行纵断面的设计，即：设置或调整变坡点位置、竖曲线半径等参数。

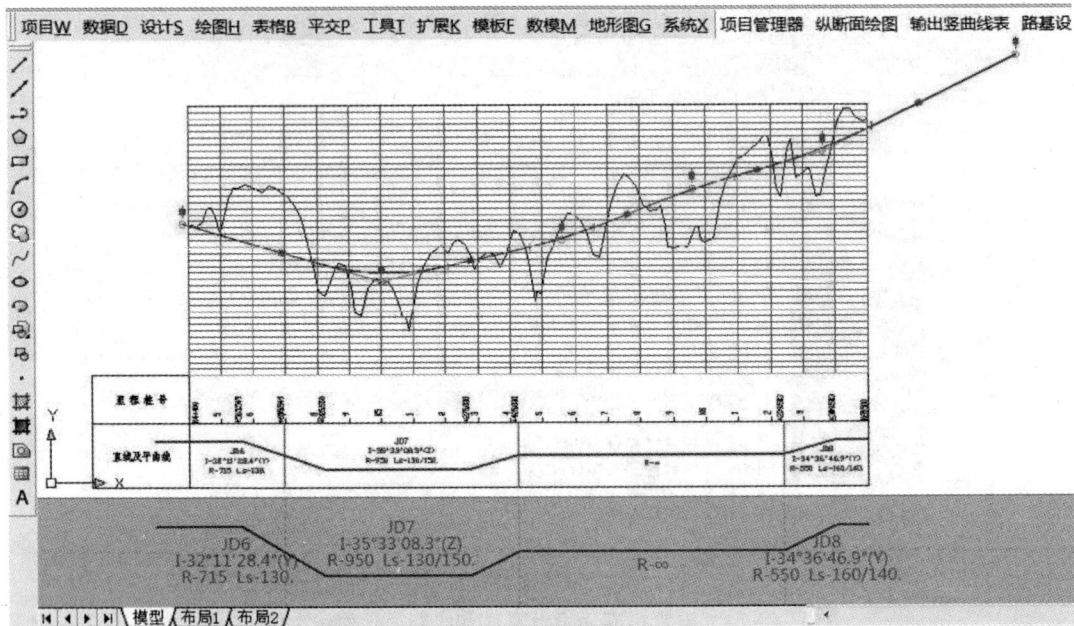

图 4 - 36　纵断面设计界面

4.2.5　路线横断面的构建

路线横断面，即路基，就是在横向的地面线基础上，根据填挖高度(中桩处原地面高程与设计高程差值)和路基的设计尺寸进行放坡，又称"戴帽子"。由于原设计文件的横断面地面线(包括中桩地面高程)比较粗略，为了更精确地计量施工土石方量，一般需要在施工前进行横断面复测，重新获取各方认可的横断面地面线测量数据。

1. 第一步：获取各桩横断面地面线数据，建立横断面地面线数据文件(∗ . hdm)

通过横断面复测或者其他方式，将横断面测量成果输入到数据文件中。

宜凤高速 K4 +400 ~ K6 +387 路段的横断面数据保存在 EXCEL 文件"宜凤高速横断面数据. xlsx"中，数据格式是常用的"抬杆法"。

所谓抬杆法，就是从中桩点开始，从中往左或从中往右，每一对测量数据是当前测点相对于前一测点的平距和高差，如图 4 –37 所示。

由于纬地的 ∗ . hdm 数据文件要求有中桩两侧测点的点数，人工统计比较繁琐，可以先新建一个"抬杆法"的横断面数据文本文件(不是纬地格式的 ∗ . hdm 数据文件)，可直接将 EXCEL 中的横断面数据复制粘贴到该文本文件中，

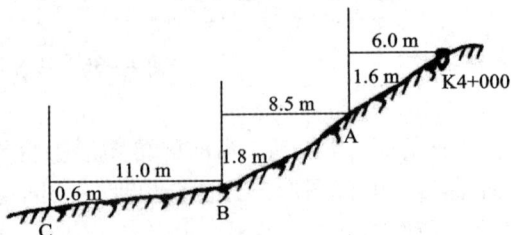

图 4 –37　"抬杆法"横断面数据示意图

并保存为"宜凤高速横断面数据(4400~6387).txt"，如图4-38所示。

图4-38　"抬杆法"横断面数据文件(文本文件)

　　再将该文件通过导入方式生成纬地格式的横断面数据文件(*.hdm)。点击下拉菜单[数据]—[导入其他横断数据]，在弹出的"横断面数据导入"对话框中，输入的导入文件选定刚才新建的"宜凤高速横断面数据(4400~6387).txt"，文件格式选择"常用抬杆法横断面格式"，输出的纬地文件保存命名为"宜凤高速横断面数据.hdm"，如图4-39所示。

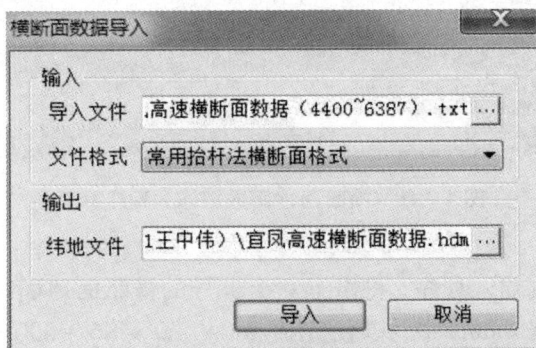

图4-39　横断面数据导入

　　在项目管理器中(图4-34)，将其设定为横断面地面线数据文件。
　　横断面的桩号，必须与纵断面地面线的桩号相互匹配、对应一致。为了减少出错，也可以利用纬地的横断面地面线数据输入工具输入数据，以减少数据输入错误和保证纵、横断面桩号相互匹配。
　　点击下拉菜单[数据]—[横断数据输入]，在弹出的对话框中，添加数据桩号提示选择"按纵断面地面线文件提示桩号"，如图4-40所示。

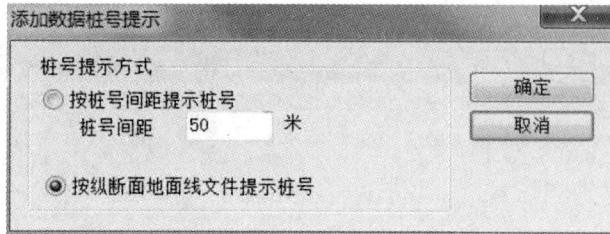

图 4 - 40   选择桩号提示方式

纬地的横断面地面数据输入程序的界面如图 4 - 41 所示,显示的是当前项目的横断面地面线数据,用户可以进行删除、添加、修改等编辑工作。

图 4 - 41   横断面地面数据输入程序界面

通过横断面地面数据输入程序,将以下六个桩号的横断面地面线数据(图 4 - 42),补充到"宜凤高速横断面数据. hdm"中,以便完成 K4 + 400 ~ K6 + 500 全部的横断面地面数据输入。

为保证纵、横断面数据的桩号相互匹配,可点击下拉菜单[数据]—[纵横断面数据检查],进行配对检查,如有问题,按照提示的桩号进行修改,直至无误为止(图 4 - 43)。

纬地要求的纵、横断面桩号的匹配关系是:纵断面数据中有的桩号,横断面中可以没有,但横断面数据中有的桩号,纵断面中必须有。另外,当两数据中的某桩号相差小于 2 cm,即 0.02 m 时,系统会自动视为同一桩号。

2. 第二步:利用纬地设计向导完成路基横断面设计参数的设定

纬地设计向导,在路线平面和纵断面确定后,可引导用户完成整个项目横断面参数的确定和取用,如路基宽度、填挖方边坡、边沟排水沟、超高加宽等,这些参数可从设计文件"路

6407															
8.2	-1.1	2	-0.3	21.8	-3.1	14.4	-3.3	5.2	-1.1	10.2	-2	17.2	-4.7		
9.6	1.3	15	3.1	9.2	1.5	3.8	0.7	19.8	3.8	9.8	1.3	3.4	0.5	19.2	2.3
6427															
4.6	-0.2	6.4	-1.1	17	-3.3	16	-3.7	7	-1.3	6.4	-1.3	5.2	-1.1	23.2	-5.3
2.6	0.1	6.8	0.8	19	3.6	2.2	0.5	5.8	1.2	18.4	3.6	25	1.8		
6447															
5.8	-1.1	12	-2.2	12	-3.2	11.2	-1.4	3.4	-0.8	16.4	-5	17.2	-5.4		
10.2	2.3	13.4	2.8	5.4	1.3	6.6	0	8.4	2	14.6	1.8	21.8	1.8	4.4	0.7
6467															
6.2	-1.2	11.6	-2.2	11.6	-3.1	11	-1.4	3.8	-0.8	16.8	-5.1	16.8	-5.3		
11.4	2.6	12.2	2.6	1.2	0	7.6	1.8	16.2	2.1	21	1.7				
6487															
19.2	-4.4	16.8	-2.7	6.8	-1.6	20.2	-4.5	8	-2.8	9.8	-1.7	13	-2.2		
19.2	4.4	23	2.2	15	2.5	6.8	1.5	7.4	0.9	9.4	1.2	13.4	1		
6500															
12	-2.7	7.4	-1.5	18.4	-2.7	3	-0.6	24.6	-5.5	7.4	-1.5	10.2	-2.1	7.4	-0.9
20	4.6	10.8	0.9	24.2	3.8	9.2	1.6	13.6	1.2	3	0.2	18	1.7		

图 4 – 42　K6 +400 ~ K6 +500 横断面地面数据

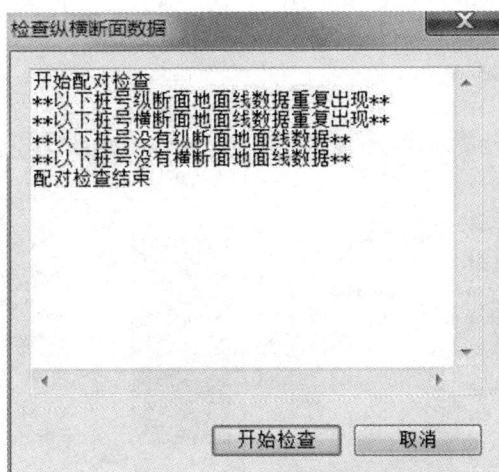

图 4 – 43　检查纵横断面数据

基标准横断面图"上获取。

　　点击下拉菜单[项目]—[设计向导]，弹出对话框，提示将自动建立相关数据文件且会覆盖已有的同名文件(图4 –44)。

　　(1)纬地设计向导第一步：设置项目分段桩号、路线相关参数。主要参数设置如图4 –45所示。

　　(2)纬地设计向导第二步：设置路幅形式、断面形式、尺寸。主要参数如下：

断面型式：4 车道；

路幅宽度：24.5(m)；

左、右侧中分带：宽度均为0.8(m)；

左、右侧行车道：宽度均为7.5(m)，横坡均为2(%)；

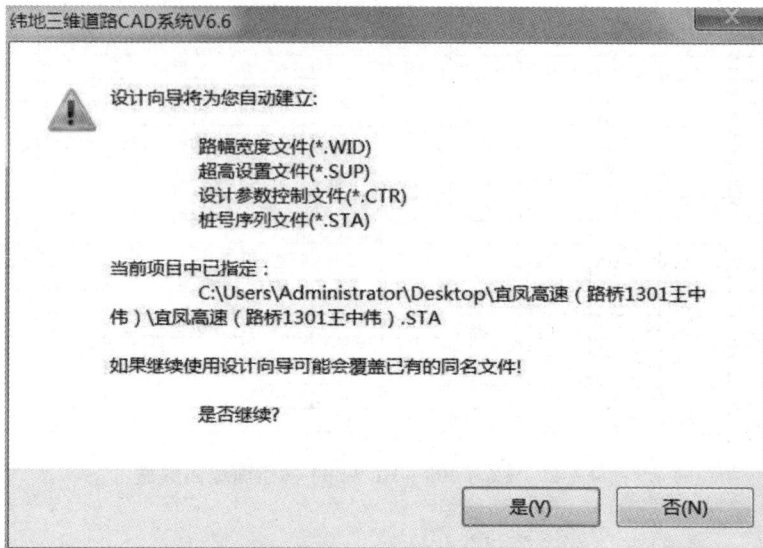

图4-44 设计向导新建文件提示对话框

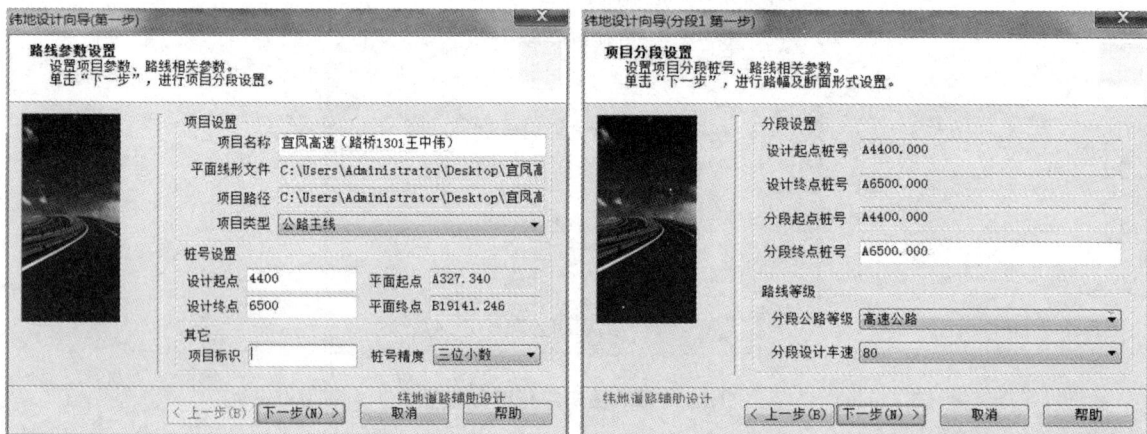

图4-45 路线参数设置与项目分段设置

左、右侧硬路肩：宽度均为3.2(m)，横坡均为2(%)；

左、右侧土路肩：宽度均为0.75(m)，横坡均为4(%)；

其他参数不变或采用缺省值(图4-46)。

可以在路基横断面简图中缩放和选择相关单元，各单元宽度设置完成后，宽度总和应等于路幅宽度，可点击"检查"按钮，确认路幅宽度正确，如图4-47所示。

(3)纬地设计向导第三步：设置左右填方边坡形式、尺寸。主要参数设置见图4-48(左右填方边坡参数相同)。

(4)纬地设计向导第四步：设置左右挖方边坡形式、尺寸。主要参数设置见图4-49(左

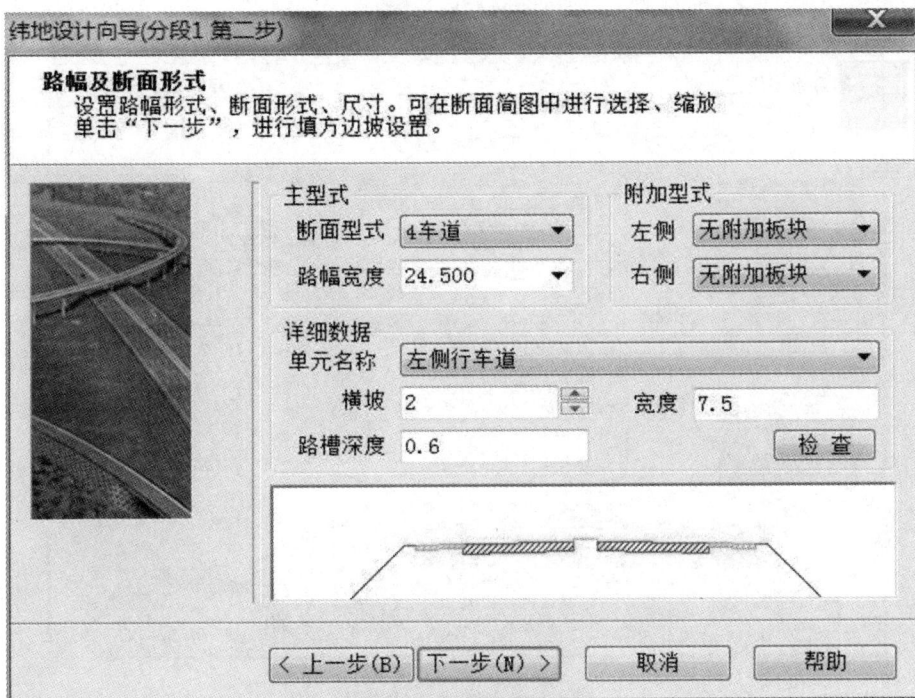

图 4 - 46 路幅及断面形式设置

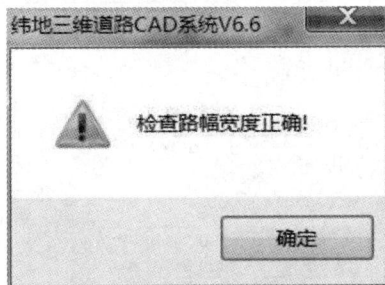

图 4 - 47 检查确认路幅宽度是否正确

右填方边坡参数相同）。

（5）纬地设计向导第五步：设置左右边沟形式、尺寸。主要参数设置见图 4 - 50（左右边沟参数相同）。

（6）纬地设计向导第六步：设置左右排水沟形式、尺寸。主要参数设置见图 4 - 51（左右排水沟参数相同）。

（7）纬地设计向导第七步：设置超高加宽形式、模式、参数。主要参数设置见图 4 - 52。

（8）纬地设计向导最后一步：点击"自动计算超高加宽"进行超高加宽过渡段计算。再点击"下一步"，出现纬地设计向导结束对话框，点击"完成"结束（图 4 - 53）。

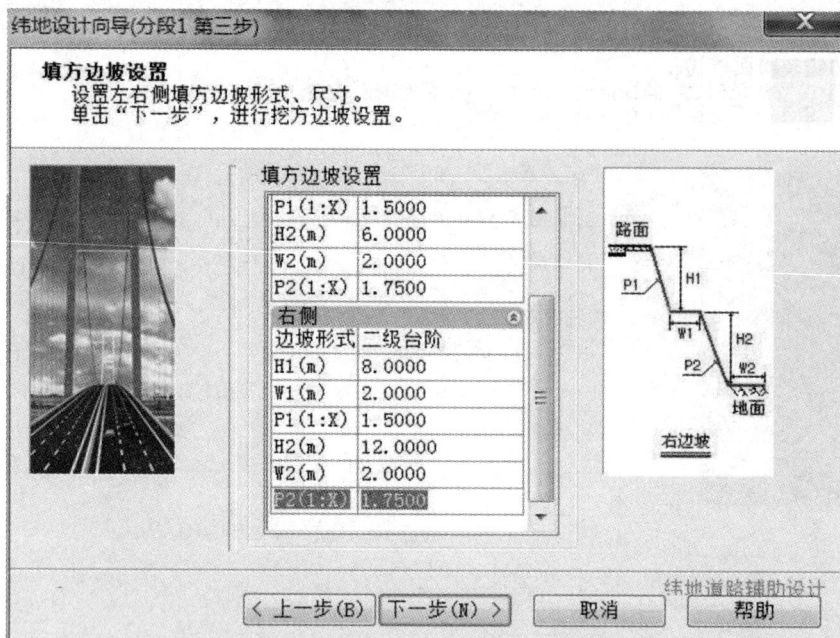

图 4 – 48　填方边坡设置

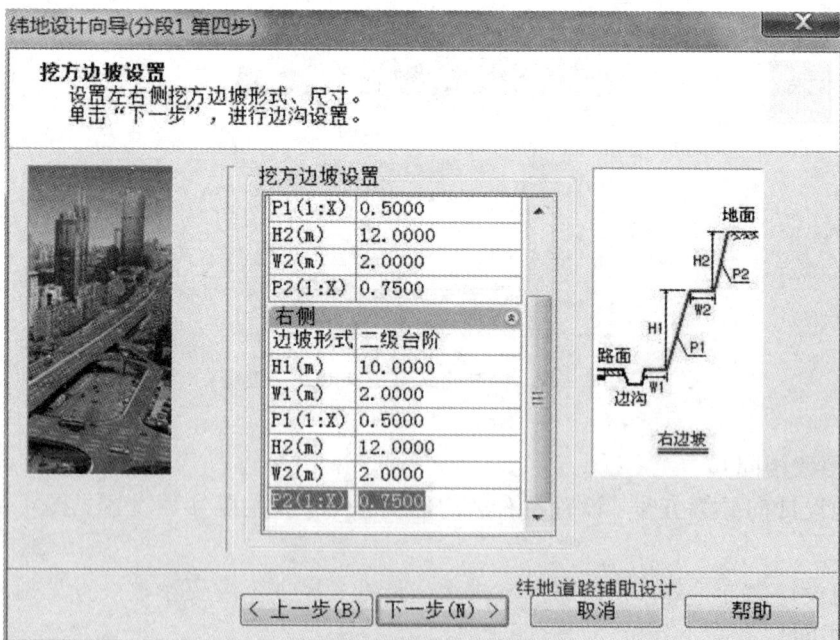

图 4 – 49　挖方边坡设置

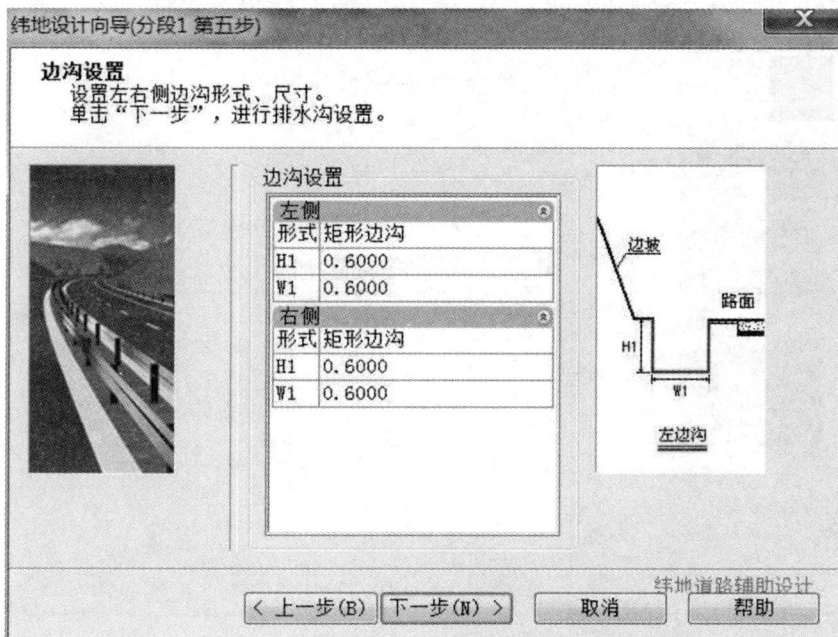

图 4 – 50　边沟设置

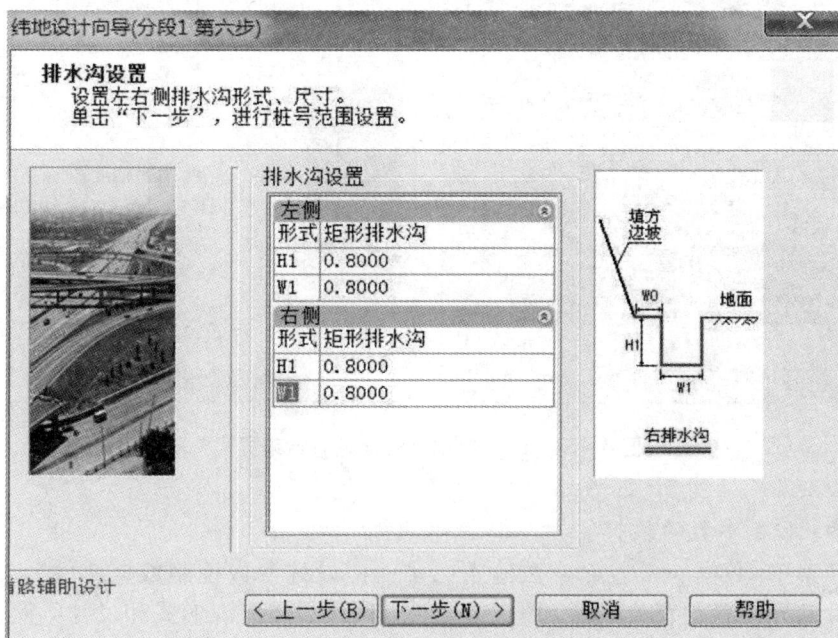

图 4 – 51　排水沟设置

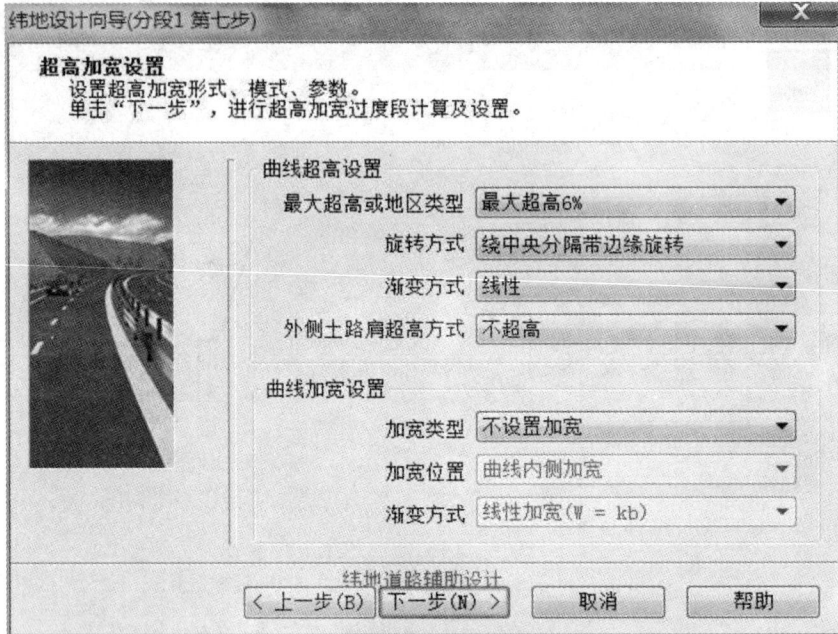

图 4-52 超高加宽设置

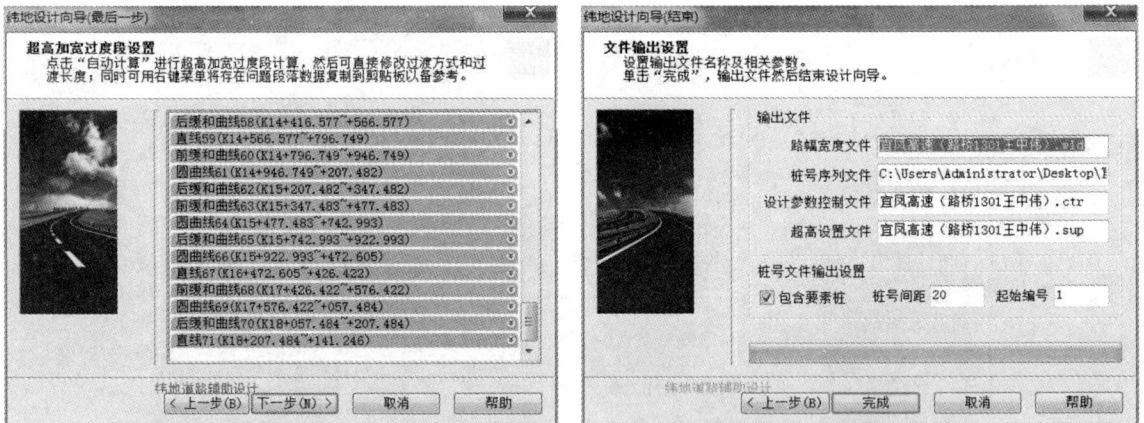

图 4-53 超高加宽自动计算与结束界面

3. 第三步：控制参数的编辑

点击下拉菜单[数据]—[控制参数输入]，弹出"设计参数控制数据文件"对话框，之前通过纬地设计向导设置的有关路幅、填挖方边坡、边沟、排水沟形式和尺寸等路基设计参数均在此对话框中显示，如果需要编辑修改，均可在此界面下进行，而无需再运行一次设计向导。

比如，图 4-54 显示的是路基左侧填方边坡的控制参数，可对原有数据进行修改，也可以插入、删除一行数据（增加、减少一个路段），或者插入、删除一组数据（增加、减少一组坡线）。

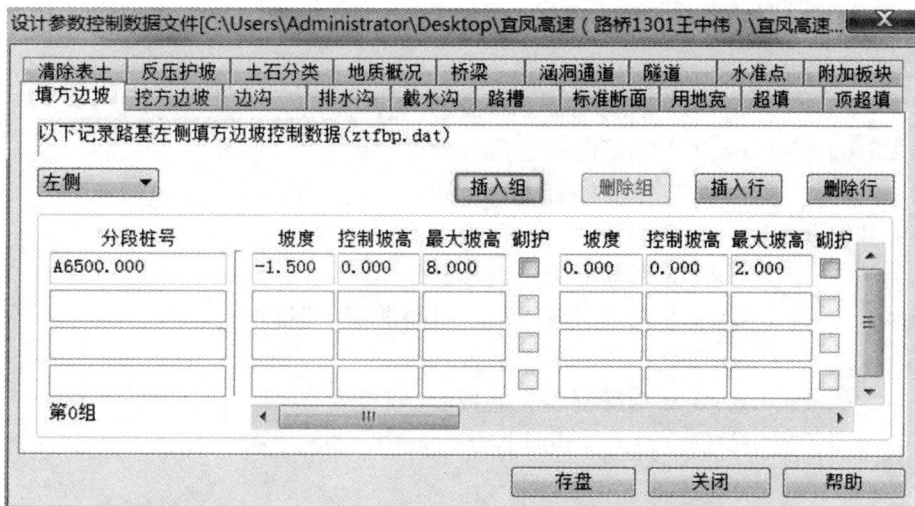

图 4-54 设计参数控制数据之填方边坡界面

除了路基设计参数之外，还有一些重要参数，比如桥梁、涵洞通道、水准点、地质概况、土石分类等参数，必须通过控制参数对话框进行设置。这里仅进行桥梁、涵洞通道、土石分类三种类型参数的设置。

（1）桥梁

记录桥梁的信息，作用有两个：一是在纵断面、平面图上要进行标注，二是桥梁路段不需要绘制横断面图、不计算土石方。

从设计文件纵断面图上可得知，K4+400~K6+500 路段内有一座桥梁：K5+069 主线桥，3×30 预应力混凝土连续 T 梁，将该桥梁相关信息输入到设计控制参数中，如图 4-55 所示。

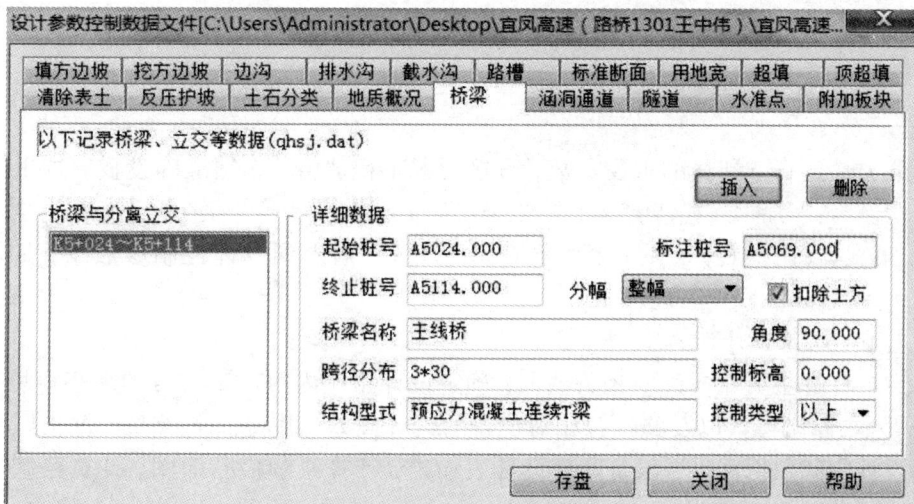

图 4-55 输入桥梁参数

（2）涵洞通道

从设计文件纵断面图上可得知，K4 + 400 ~ K6 + 500 路段内有八座涵洞（通道），列举如下：

①K4 + 497，1 - 1.0 × 1.5 钢筋混凝土盖板涵（边沟涵）；

②K4 + 810，1 - 3.0 × 2.5 钢筋混凝土盖板涵；

③K4 + 935，1 - 3.0 × 2.5 钢筋混凝土盖板涵；

④K5 + 480，1 - 3.0 × 2.5 钢筋混凝土盖板涵；

⑤K5 + 670，1 - 2.0 × 2.0 钢筋混凝土盖板涵；

⑥K5 + 990，1 - 6.0 × 4.5 钢筋混凝土盖板机耕通道（兼排水）；

⑦K6 + 225，1 - 2.0 × 2.0 钢筋混凝土盖板涵；

⑧K6 + 340，1 - 4.0 × 3.0 钢筋混凝土盖板涵（兼过人）。

将以上涵洞通道相关信息输入到设计控制参数中，如图 4 - 56 所示。

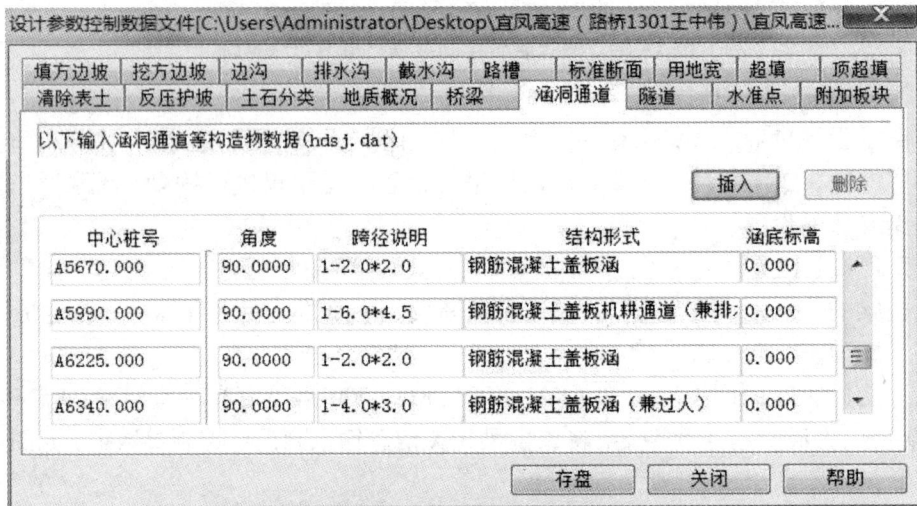

图 4 - 56　输入涵洞通道参数

（3）土石分类

土石分类是土石方计量的重要参数，直接影响工程造价，必须准确设置。这里假定本路段的土石比例为：第一类（松土）5%，第二类（普通土）50%，第三类（硬土）20%，第四类（软石）15%，第五类（次坚石）10%，第六类（坚石）0%，输入到设计控制参数中，如图 4 - 57 所示。

4. 第四步：路基设计计算

路基设计计算主要完成读取相关数据，确定设计路段内每一个桩号的超高横坡、设计高程、地面高程、路幅参数以及路幅各相对位置的设计高差，并将以上所有数据按照一定格式写入路基设计中间数据文件，以备路基设计表输出、计算绘制横断面图、计算路基土石方等调用。

点击下拉菜单[设计]—[路基设计计算]，弹出"路基设计计算"对话框，另存路基设计

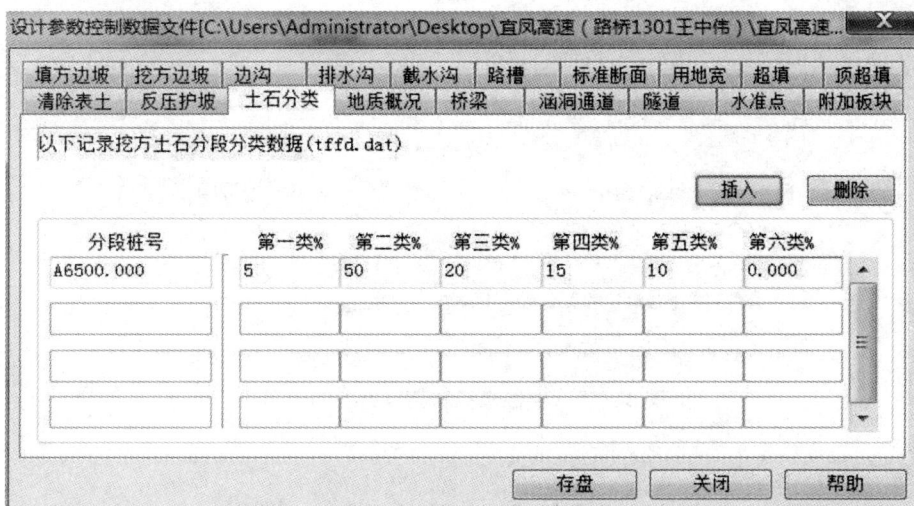

图 4 – 57 输入土石分类参数

中间数据文件(∗ . lj)，设定计算桩号区间 A4400 ~ A6500，点击"计算"按钮即可完成路基设计计算，如图 4 – 58 所示。

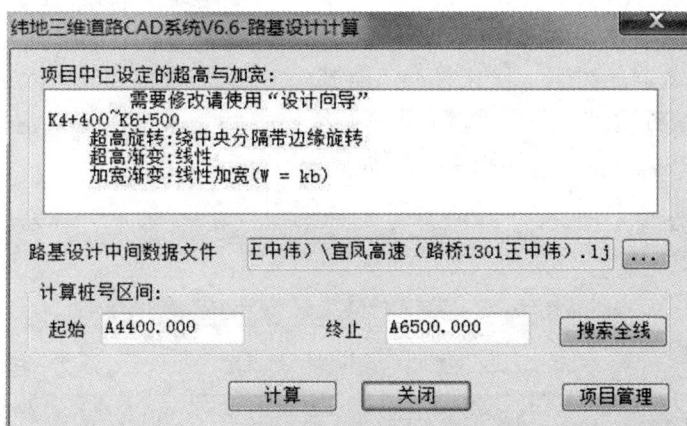

图 4 – 58 路基设计计算

4.2.6　路线常用计算和查询

在路线重新构建之后，通过纬地路线设计软件的[工具]菜单，可以方便地进行路线几何要素和设计参数的计算查询，其中比较常见的功能介绍如下。

1. 计算中桩坐标和切线方位角

点击下拉菜单[工具]—[桩号坐标]，在弹出的对话框中，输入桩号数字，即可计算该桩的坐标、切线方位角、临界半径，如图 4 – 59 所示。

临界半径，是指该桩号处的半径值，当半径为"9999"时，表示该桩号在直线段上。

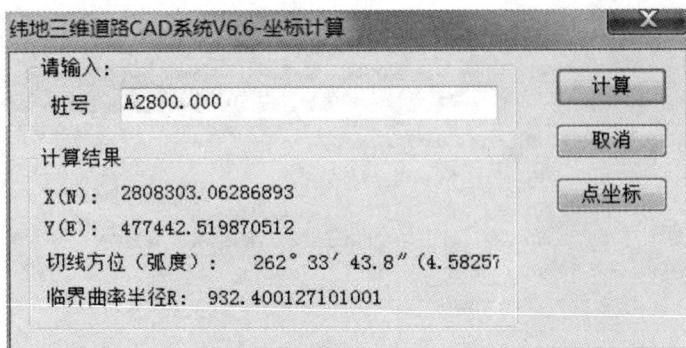

图 4 - 59　中桩坐标和切线方位角计算

2. 计算任意桩号的设计标高、地面标高、填挖高等

点击下拉菜单 [工具]—[单桩填挖]，在弹出的对话框中，输入桩号数字，即可计算该桩的设计标高、地面标高、填挖深度、临界纵坡，如图 4 - 60 所示。

3. 估算指定路段的土石方

点击下拉菜单 [工具]—[估算土方]，在弹出的对话框中，输入起始桩号、终止桩号、路基宽度、填方边坡、挖方边坡，即可计算（估算）该路段的填方、挖方数量等信息，如图 4 - 61 所示。

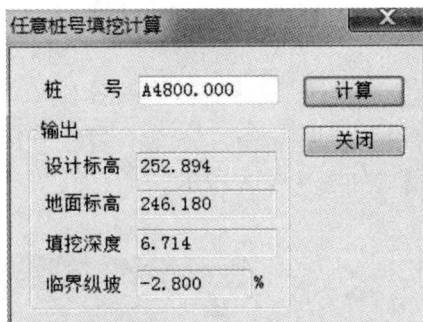

图 4 - 60　任意桩号填挖计算

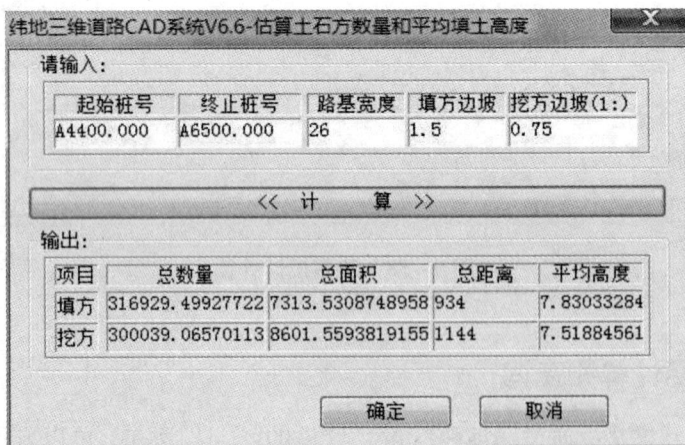

图 4 - 61　估算指定路段的土石方量和平均填土高度

4. 计算路面范围内任意点的坐标高程

该功能可用来查询路面标高、桩基坐标、根据坐标反算桩号边距等。点击下拉菜单 [工具]—[坐标高程]，在弹出的对话框中，可直接输入桩号、斜支距和角度，也可以直接在图中

点取点位，可计算出相应点位的坐标、高程，如图 4 – 62 所示。

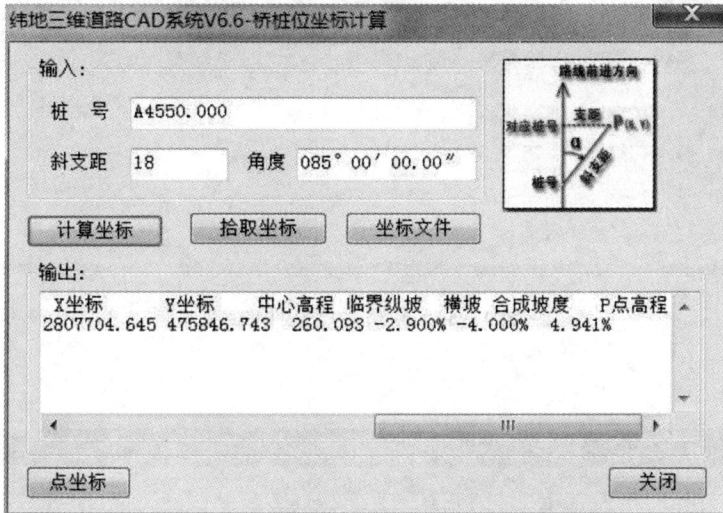

图 4 – 62　路面范围内任意点的坐标高程计算

5. 计算桩基、桥位坐标

该功能可用来批量计算和标注桩基、桥位坐标，计算结果可与设计文件比对校核。

点击下拉菜单 [工具]—[桥位计算]，弹出如图 4 – 63 所示的对话框，选择一个事先按规定格式建立的桥位数据文件（文件内容见图 4 – 64），点击"输出"，可将计算结果以表格形式绘制在 AutoCAD 图形中，也可以点击"输出到文件"，将计算结果保存到一个指定的文件中（计算结果文件见图 4 – 65）。

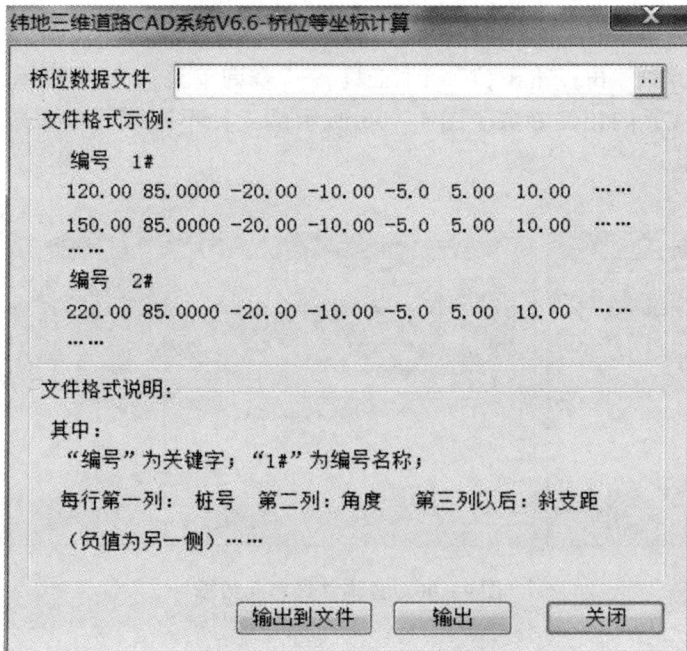

图 4 – 63　桩基、桥位坐标计算

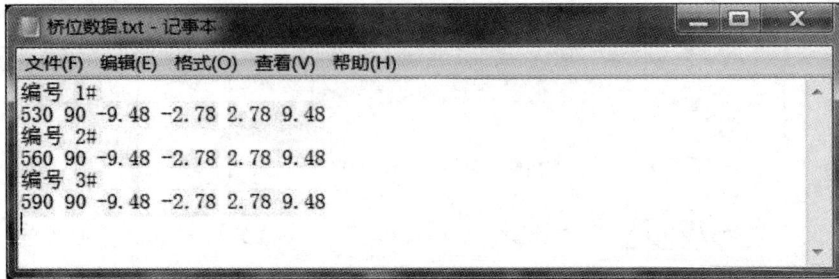

图 4 – 64　桥位数据文件内容

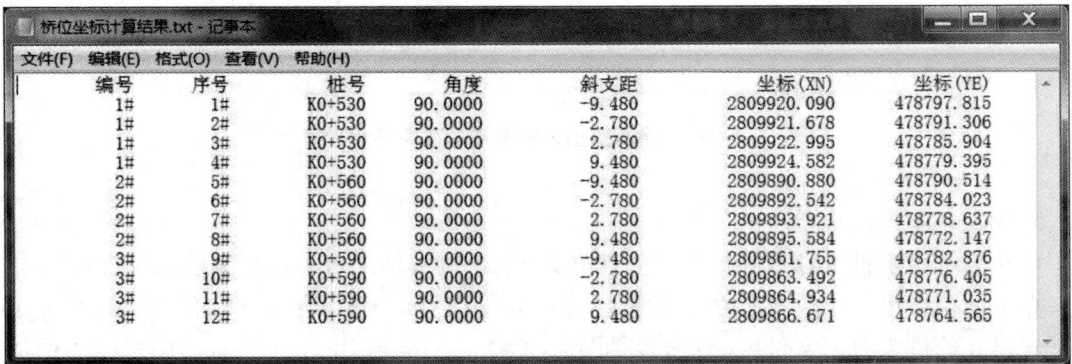

图 4 – 65　桥位坐标计算结果文件内容

6. 路线线元单元查询

首先生成平面路线，再点击下拉菜单[工具]—[查询单元]，根据提示，在图上选择某一线元，即可查询该线元的相关参数。图 4 – 66 所示是三种不同线元(直线、圆曲线和缓和曲线)的参数查询结果。

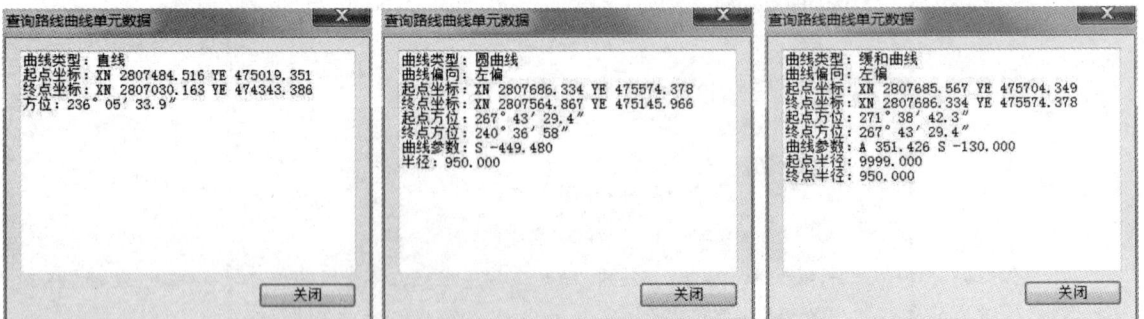

图 4 – 66　查询路线单元数据

4.2.7 主要设计图表的输出

1. 输出路线平面图

点击下拉菜单[绘图]—[平面自动分图]，弹出对话框，设置主要参数如图 4-67 所示。

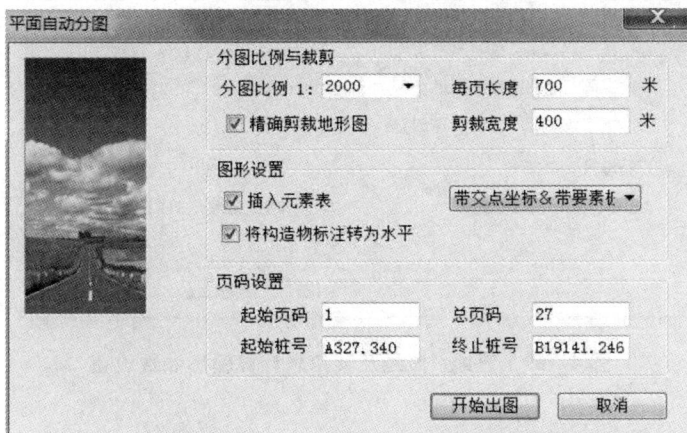

图 4-67 平面自动分图参数设置

点击"开始出图"按钮，在布局空间中生成分页的平面图（本工程案例未带地形图），如图 4-68 所示。

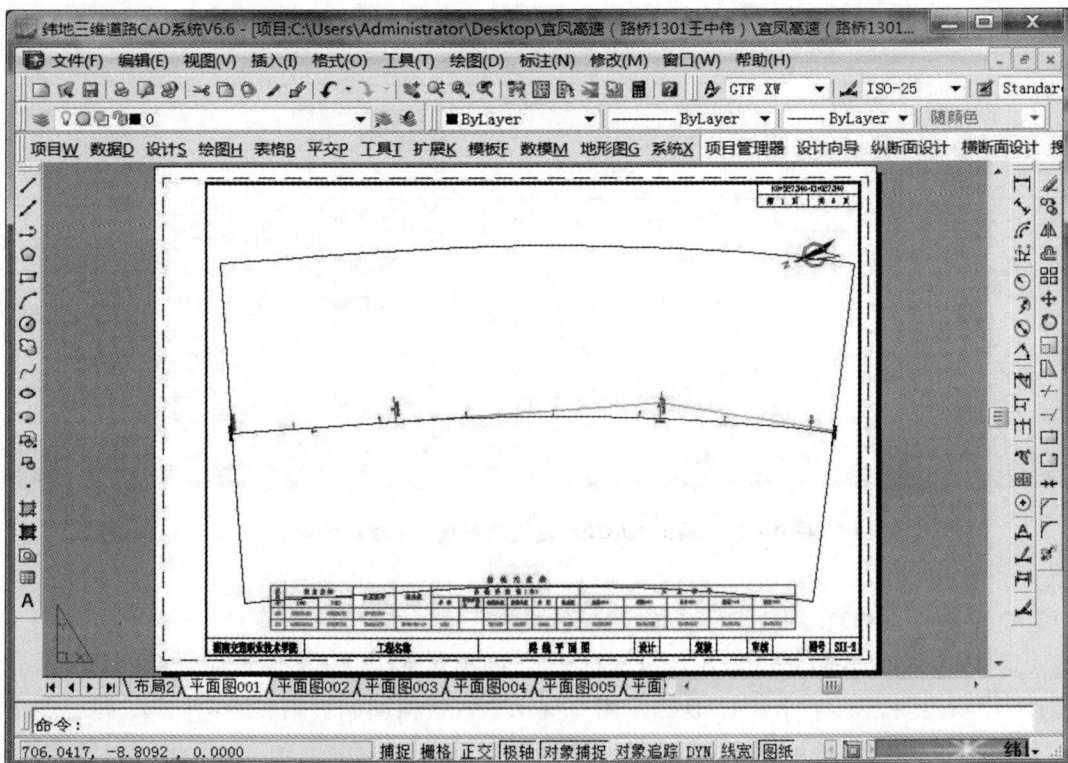

图 4-68 分幅生成的平面图

2. 输出直线曲线及转角表

点击下拉菜单[表格]—[输出直曲转角表],弹出对话框,相关设置如图4-69所示。

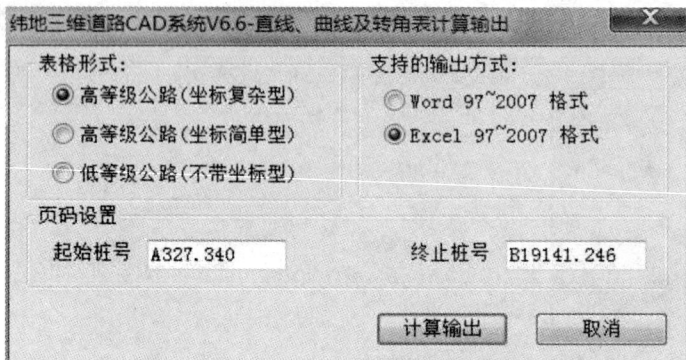

图4-69　直线、曲线及转角表计算输出参数设置

点击"计算输出"按钮,即可输出 EXCEL 格式的高等级公路直线、曲线及转角表,如图4-70所示。

图4-70　输出 EXCEL 格式的直线、曲线及转角表

3. 输出逐桩坐标表

点击下拉菜单[表格]—[输出逐桩坐标表],弹出对话框,相关设置如图4-71所示。

点击"输出"按钮,在 AutoCAD 命令窗口提示输入表格起始页码和终止页码,即可输出规范的 EXCEL 格式的逐桩坐标表,如图4-72所示。

根据实际需要,也可以选择输出文本格式的逐桩坐标,如图4-73所示。

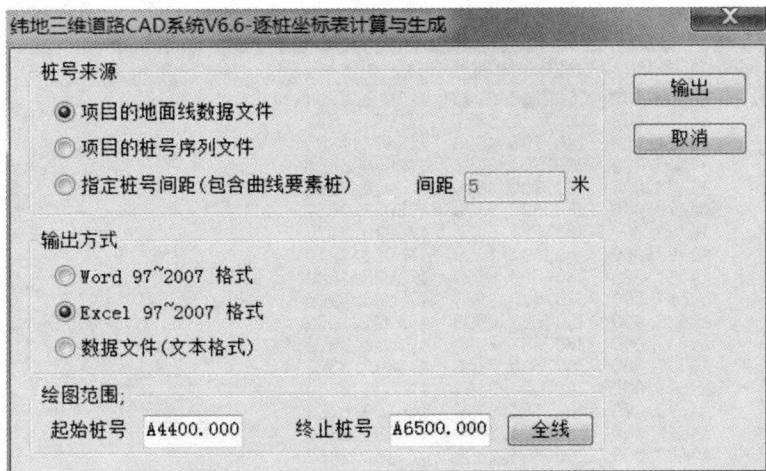

图 4 – 71　逐桩坐标计算与生成参数设置

图 4 – 72　输出 EXCEL 格式的逐桩坐标表

4. 输出路线纵断面图

点击下拉菜单［设计］—［纵断面绘图］，弹出"纵断面图绘制"对话框，相关绘图参数设置如图 4 – 74 所示，其中，纵断面图中的绘图栏目，要依次用鼠标选定，勾选顺序即为绘图栏目的显示顺序。

点击"批量绘图"按钮，按照命令窗口提示输入起始页面和总页面，在图上点击绘图基点，即可生成路线纵断面图，如图 4 – 75 所示。

对于地面起伏较大的情况，可以将纵向比例设定为 400，或者选择"自动断高"。

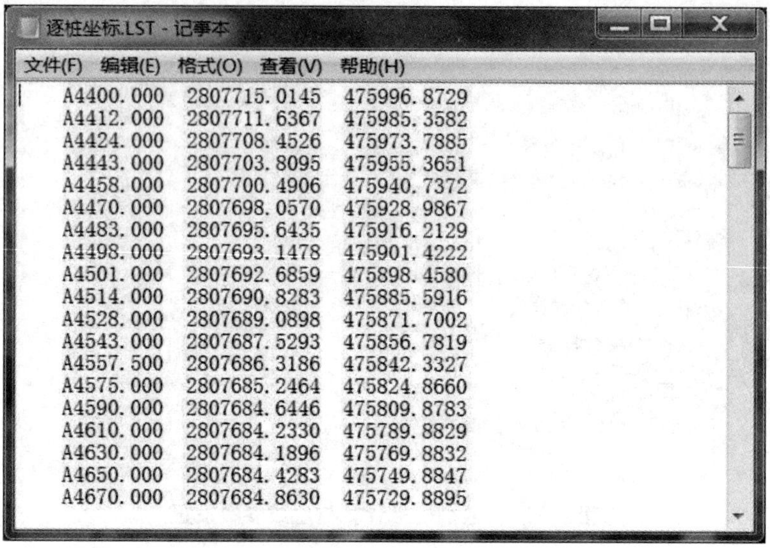

A4400.000	2807715.0145	475996.8729
A4412.000	2807711.6367	475985.3582
A4424.000	2807708.4526	475973.7885
A4443.000	2807703.8095	475955.3651
A4458.000	2807700.4906	475940.7372
A4470.000	2807698.0570	475928.9867
A4483.000	2807695.6435	475916.2129
A4498.000	2807693.1478	475901.4222
A4501.000	2807692.6859	475898.4580
A4514.000	2807690.8283	475885.5916
A4528.000	2807689.0898	475871.7002
A4543.000	2807687.5293	475856.7819
A4557.500	2807686.3186	475842.3327
A4575.000	2807685.2464	475824.8660
A4590.000	2807684.6446	475809.8783
A4610.000	2807684.2330	475789.8829
A4630.000	2807684.1896	475769.8832
A4650.000	2807684.4283	475749.8847
A4670.000	2807684.8630	475729.8895

图 4－73　输出文本格式的逐桩坐标

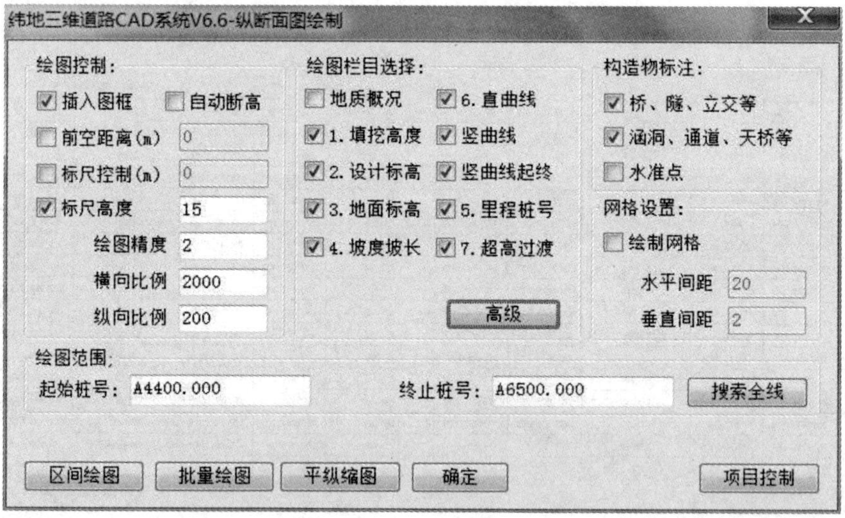

图 4－74　纵断面图绘制参数设置

5. 输出路基横断面图

点击下拉菜单[设计]—[横断设计绘图]，弹出“横断面设计绘制”对话框，相关绘图参数设置如图 4－76 所示。

点击“设计绘图”按钮，按照命令窗口提示，在图上点击绘图基点，输入起始页码，即可生成路基横断面设计图，如图 4－77 所示。

6. 输出路基设计表

点击下拉菜单[表格]—[输出路基设计表]，弹出“路基设计表计算输出”对话框，相关

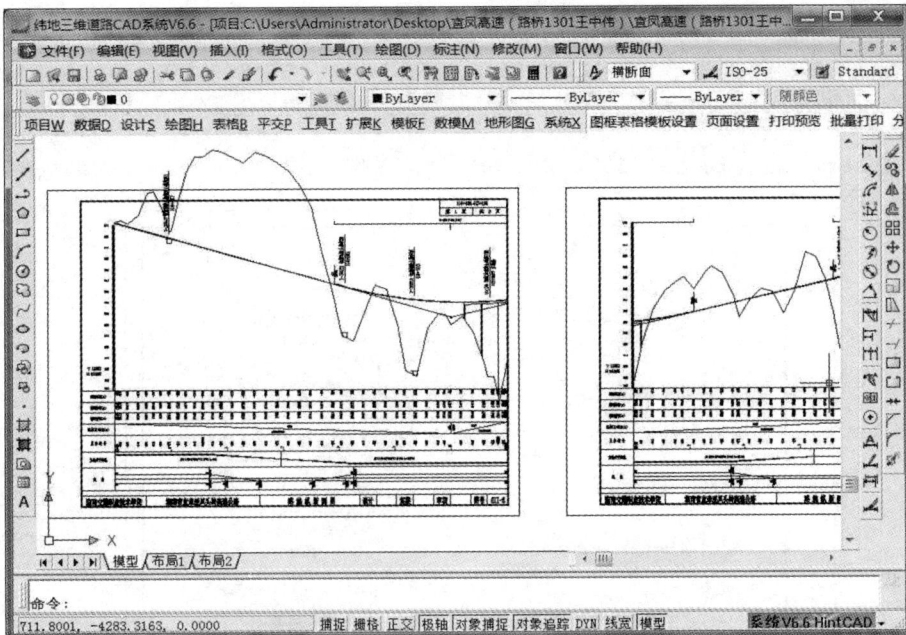

图 4 – 75 输出的路线纵断面图

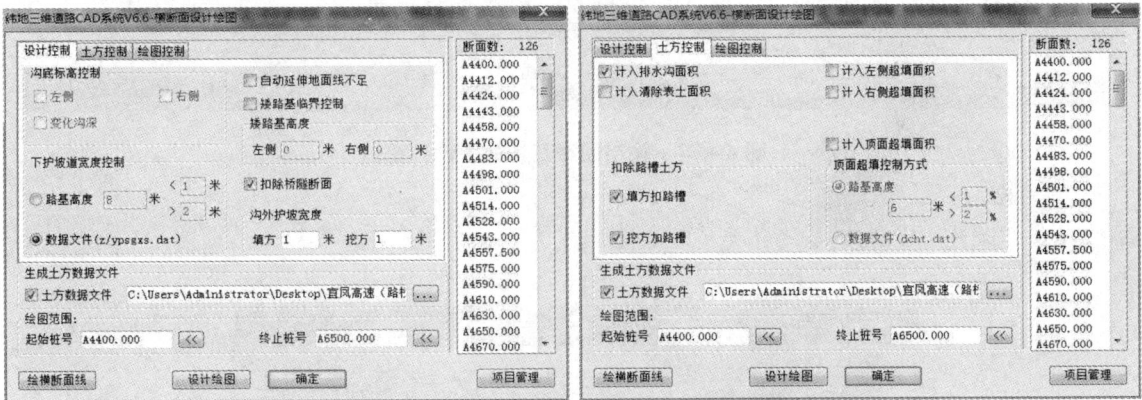

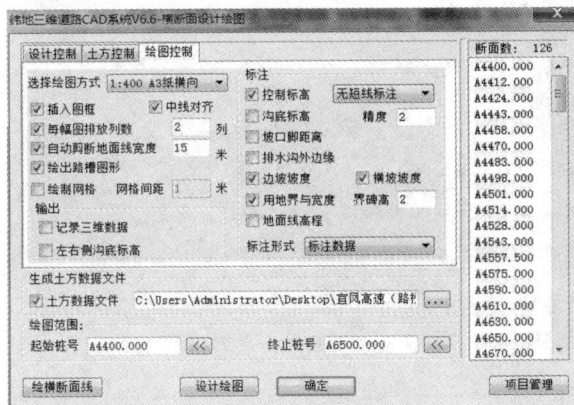

图 4 – 76 横断面设计绘图参数设置

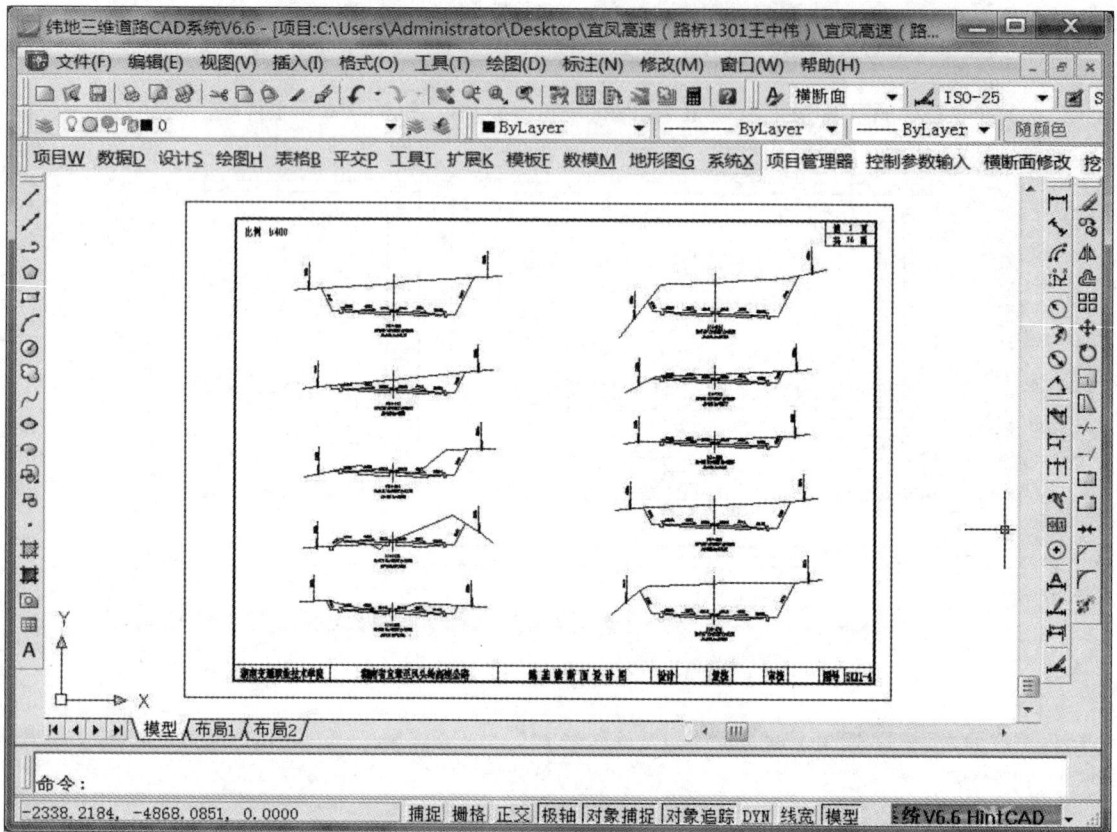

图 4 – 77 输出的路基横断面设计图

参数设置如图 4 – 78 所示。

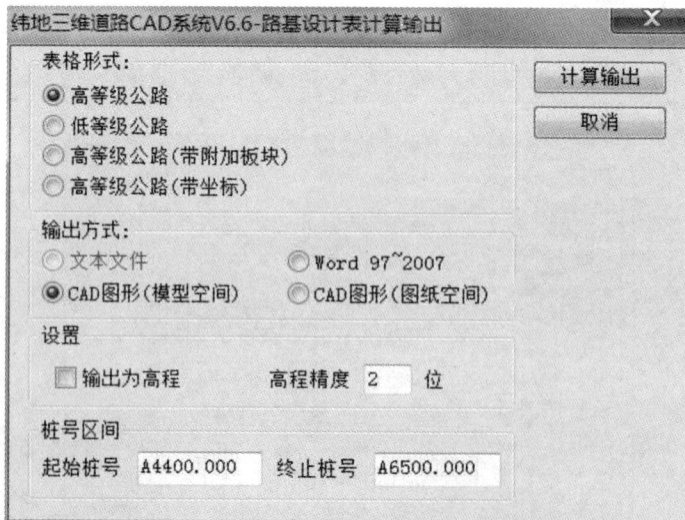

图 4 – 78 路基设计表计算输出参数设置

点击"计算输出"，弹出对话框询问是否输出坡口脚至中桩距离，点击"是"（图 4 – 79）。

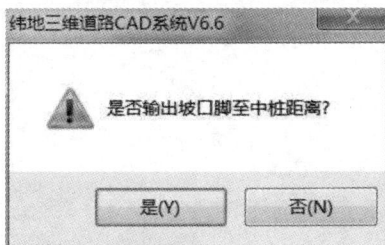

图 4 – 79　确认是否输出坡口脚至中桩距离

　　按照命令窗口提示，输入起始页码，终止页码，在图上点击绘图基点，即可生成路基设计表，如图 4 – 80 所示。

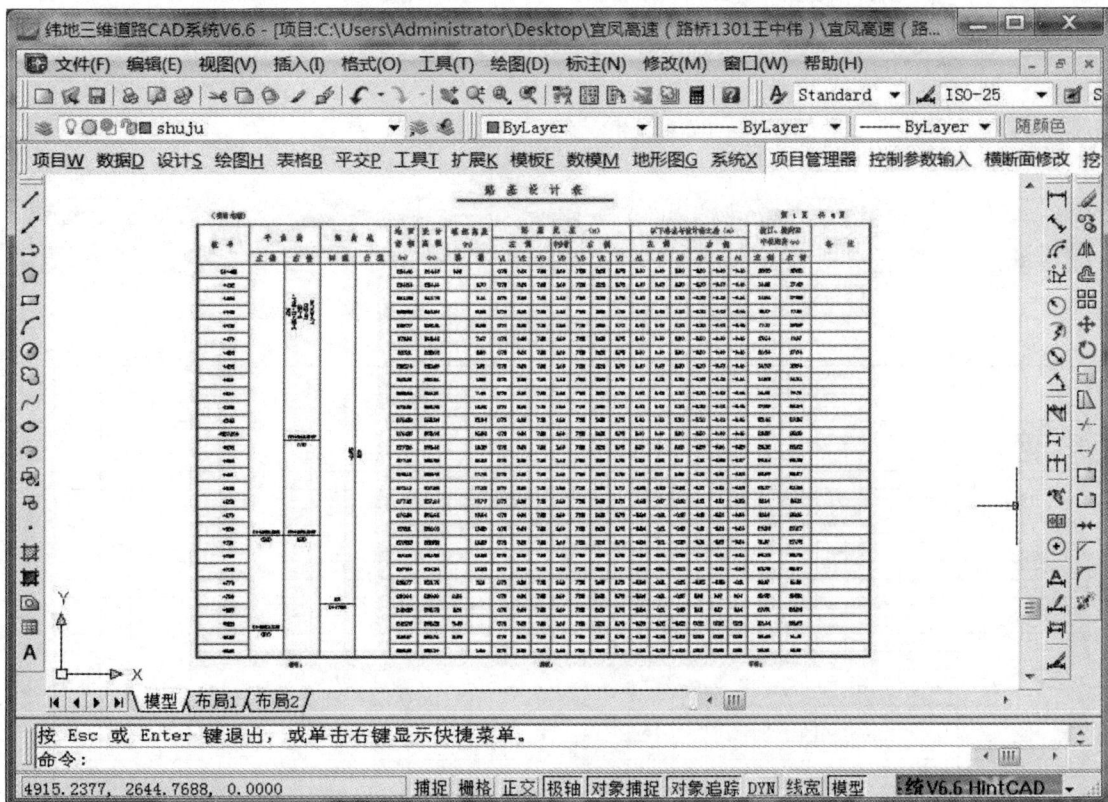

图 4 – 80　输出的路基设计表

7.输出路基土石方数量计算表和路基每公里土石方数量表

点击下拉菜单[表格]—[输出土方计算表]，弹出"土石方计算"对话框，相关参数设置如图 4 – 81 所示。

点击"计算输出"按钮，在命令窗口输入起始页码和终止页码，即可输出 EXCEL 格式的

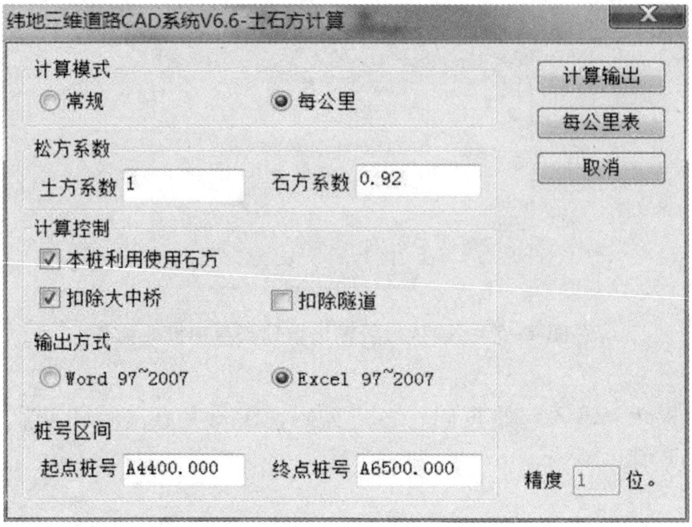

图 4 – 81　土石方计算参数设置

路基土石方数量计算表，如图 4 – 82 所示。

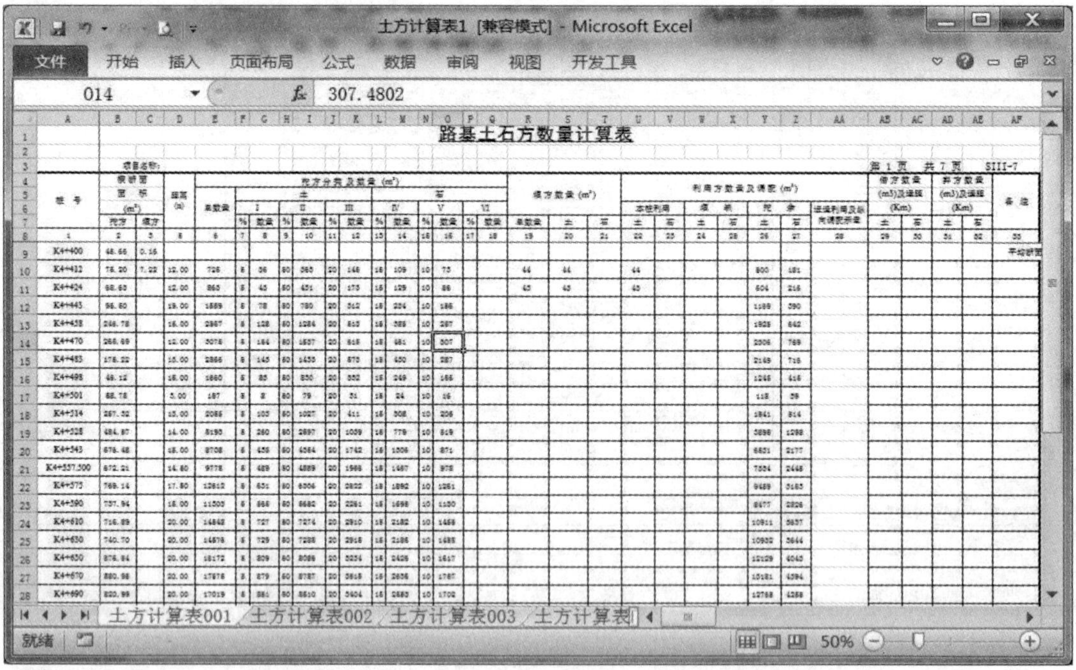

图 4 – 82　输出 EXCEL 格式的路基土石方数量计算表

如点击"每公里表"按钮，则输出 EXCEL 格式的路基每公里土石方数量表，如图 4 – 83 所示。

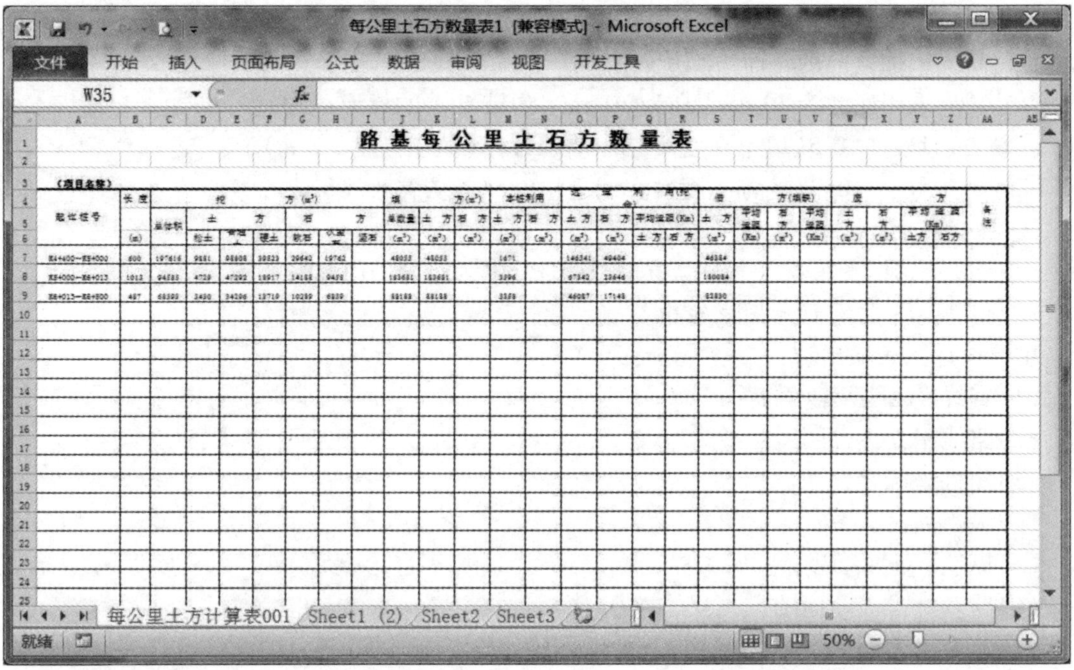

图 4 - 83 输出 EXCEL 格式的路基每公里土石方数量表

这里纬地生成的路基土石方数量计算表是未做土石方调配的, 需要人工或者利用纬地的土石方可视化调配系统进行土石方调配(详见 4.4 节所述)。

4.3 基于数字地面模型的路线设计

4.3.1 设计任务简介

1. 基本资料

1∶2000 纸质地形图一张, 已扫描为 tif 光栅图片格式, 名为: 地形图. tif(与第 1.2.2 节的光栅地形图为同一文件)。

2. 设计要求及技术标准

以现有小路为参照, 从大冲到塘前, 设计一条公路, 等级为四级公路, 设计速度为 20 km/h, 1 车道。

3. 主要技术参数

根据《公路路线设计规范》及现场地质情况, 本公路确定主要技术参数如下:

(1)平面:一般最小半径为 30 m, 极限最小半径为 15 m, 缓和曲线最小长度为 20 m, 平曲线最小长度为 40 m, 不设超高加宽(不设缓和曲线)的最小半径为 250 m。

(2)纵断面:最大纵坡为 9%, 最小坡长为 60 m, 竖曲线一般最小半径为 200 m, 极限最小半径为 100 m, 竖曲线最小长度为 20 m。

（3）横断面：

①路基宽度：路基宽为 4.50 m，车道宽为 3.50 m，两侧各为 0.5 m 土路肩，采用一类半加宽，超高绕未加宽前的路面边缘旋转；

②边沟：采用底宽为 30 cm、高为 30 cm、沟坡 1∶1 的梯形边沟；

③填方边坡：1∶1.5（填土高度≤8 m）、1∶1.75（填土高度＞8 m）；

④挖方边坡：1∶0.3（挖方高度≤8 m）、1∶0.5（挖方高度＞8 m）；

⑤排水沟：不设。

（4）土石比例：第一类至第六类依次为 5%∶50%∶35%∶10%∶0%∶0%

4. 成果要求：主要设计图表输出

主要设计图表输出有：

（1）直线、曲线及转角表；

（2）路线平面设计图；

（3）逐桩坐标表；

（4）纵断面设计图；

（5）纵坡、竖曲线表；

（6）路基标准横断面图；

（7）路基横断面设计图；

（8）路基设计表；

（9）平曲线上路面加宽表；

（10）路基土石方数量计算表；

（11）路基每公里土石方数量表。

4.3.2　地形图的数字化及数字地面模型的建立

1. 光栅地形图插入 AutoCAD 并准确定位

首先，要先将光栅地形图插入 AutoCAD 中，并进行准确的坐标定位，使地形图图纸上的测量坐标与 AutoCAD 的图形坐标一致，具体操作方法见 1.2.2 节"外部光栅图像插入 AutoCAD 的定位"。

2. 光栅地形图的数字化

光栅地形图的数字化，就是根据光栅地形图建立数字地面模型（DEM），该项工作在 CASS 软件中完成，关键操作就是要建立该地形图区域内的高程点坐标数据文件，具体操作方法见 4.4.2 节"纸质地形图的数字化"。

光栅地形图数字化的成果，用两种方式保存：

（1）CASS 的坐标数据文件"光栅地形图的坐标数据文件. dat"；

（2）利用 CASS 展绘了高程点的 AutoCAD 文档"光栅地形图高程点. dwg"。

3. 在纬地中建立数字地面模型

（1）新建设计项目

纬地中，数字地面模型的相关操作也需要在设计项目下进行，因此需要打开一个已有的设计项目，或者新建一个设计项目。

这里，我们新建一个设计项目，名为"大冲—塘前公路"。

点击下拉菜单［项目］—［新建项目］，弹出"新建纬地设计项目"对话框，设置项目名称与路径、设计者信息等，如图 4 - 84 所示。

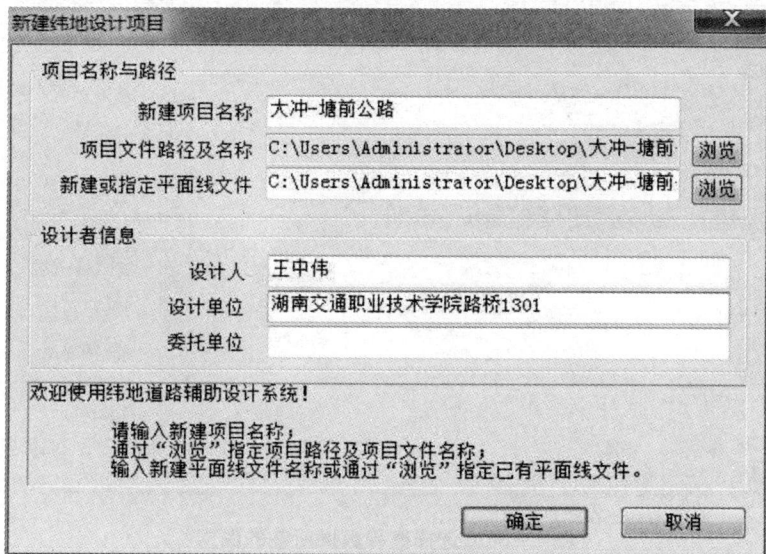

图 4 - 84　新建一个纬地设计项目

（2）建立新数模

点击下拉菜单［数模］—［新数模］，弹出"点数据高程过滤设置"对话框，如图 4 - 85 所示。

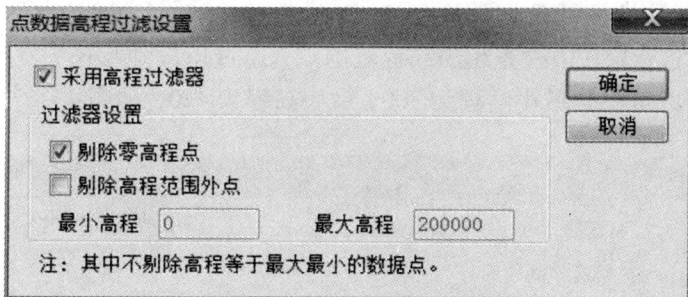

图 4 - 85　点数据高程过滤设置

该对话框的作用是通过设置，快速剔除一些高程异常点，如 0 高程点、正常高程范围（设置最小高程和最大高程）以外的点，若前期地形图数字化过程中高程点检查无误，也可以不选择"采用高程过滤器"，设置完毕后，点击"确定"。

（3）读入高程点

点击下拉菜单［数模］—［三维数据读入］—［DWG 和 DXF 格式］，在弹出的"打开"对话框中，选择刚才完成的光栅地形图数字化成果"光栅地形图高程点. dwg"，确定后，弹出"图层设置"对话框, 如图 4 – 86 所示。

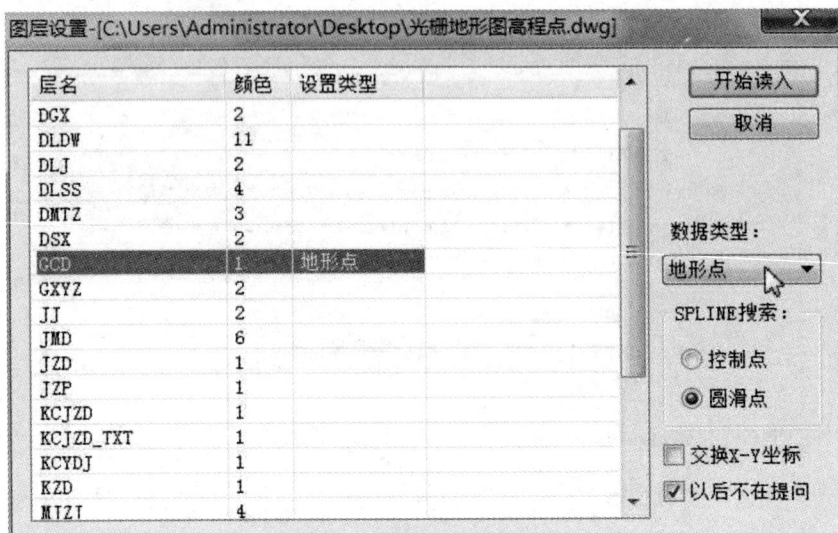

图 4 – 86　选择高程数据所在的图层

　　该对话框中显示的是文件"光栅地形图高程点. dwg"的图层名称。现在我们的目的是根据高程点建立数字地面模型, 本文件的高程点绘制在图层"GCD"上, 因此选择该层, 并在数据类型中选择"地形点", 这时图层"GCD"的设置类型显示为"地形点"。点击"开始读入"按钮, AutoCAD 命令窗口提示"读入 266 点", 这是读入的高程点的数量。

　　(4) 数模数据预检

　　点击下拉菜单[数模]—[数据预检], 弹出"数据预检"对话框, 该对话框的目的, 是对数模数据再一次进行检查, 其中检查超出高程范围点, 通过识读地形图, 发现该区域高程基本为 300 ~ 420 m, 因此可设置最小高程为 300, 最大高程为 420, 如图 4 – 87 所示。

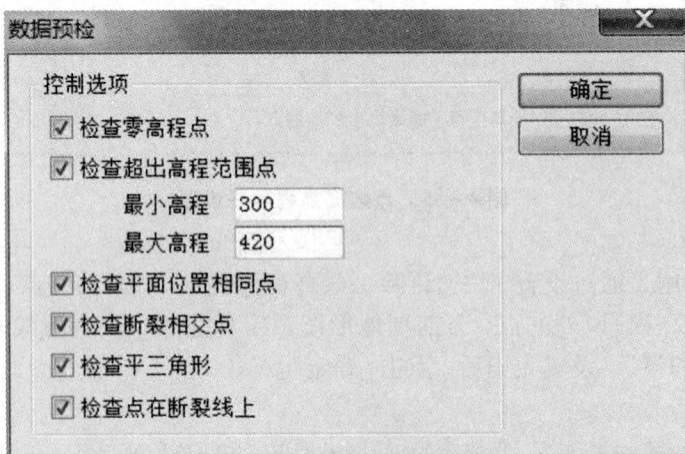

图 4 – 87　高程数据预检

点击"确定"按钮，弹出"数据预检结果"对话框，显示相应错误类型的错误数量（图4-88），如有错误，可点击"详细数据"查看具体位置。

图4-88 数据预检结果显示

（5）三角构网及网格显示

点击下拉菜单[数模]—[三角构网]，即可完成三角构网，AutoCAD命令窗口提示构网的过程及花费的时间。

点击下拉菜单[数模]—[网格显示]，弹出"数模网格显示设置"对话框，可以选择"只显示数模轮廓的边界线"，这种方式便于用户在界限范围内操作，且提高对数模图形的处理速度，如果想要查看数模的三维直观效果，也可以选择"显示所有网格线"，如图4-89所示。

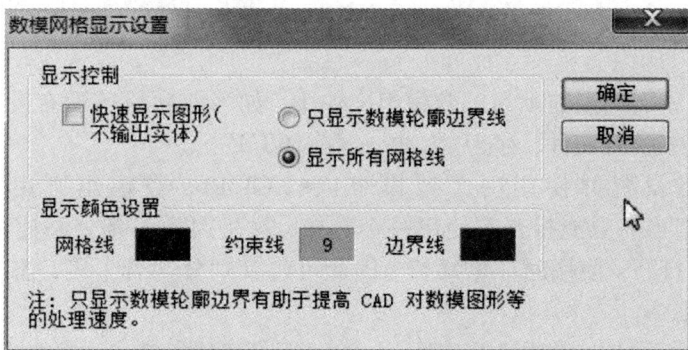

图4-89 数模网格显示设置

根据光栅地形图构建的三角网显示如图4-90所示，可以利用AutoCAD的"三维动态观察器"转动三角网，动态观看三角网的立体效果，如图4-91所示。

（6）保存及管理数模

点击下拉菜单[数模]—[保存数模组]，将当前建立的数模保存为纬地格式的数模文件

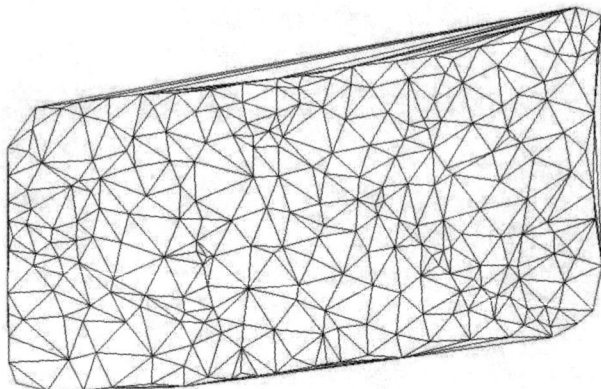

图 4 – 90　显示网格线的数字地面模型

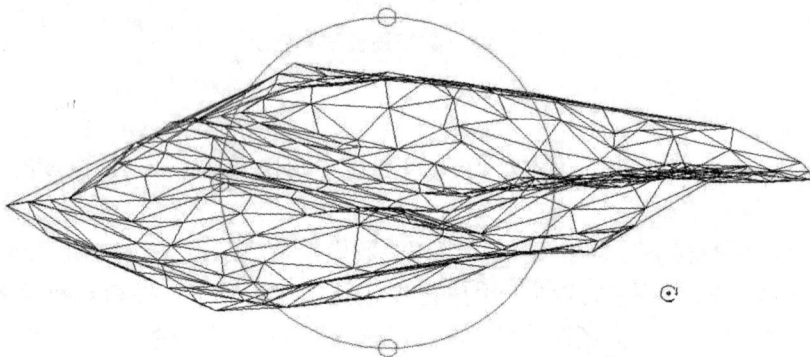

图 4 – 91　动态观看三角网的立体效果

"1. DTM"，并同时添加到当前项目的数模组文件中，如当前项目还没有设置数模组文件，则会提示新建并保存数模组文件，存为"大冲—塘前. GTM"。

一个设计项目设置并使用一个数模组（ ∗. GTM），数模组则由一个或多个数模（ ∗. DTM）组成，但当前只能打开和使用一个数模，这是因为一条公路使用的全部数模可能非常巨大，若全部打开，使用时非常缓慢，因此可将其划分为若干段，需要哪段数模就只打开哪段数模。

点击下拉菜单［项目］—［项目管理器］，在"项目管理器"窗口中的"外业基础数据"类型中进行三维数模组文件的确认或者设置，如图 4 – 92 所示。

点击下拉菜单［数模］—［数模组管理］，可在数模组窗口对数模进行管理，如添加数模、打开数模等（图 4 – 93）。数模文件（ ∗. DTM）可被不同项目的数模组（ ∗. GTM）文件添加使用。

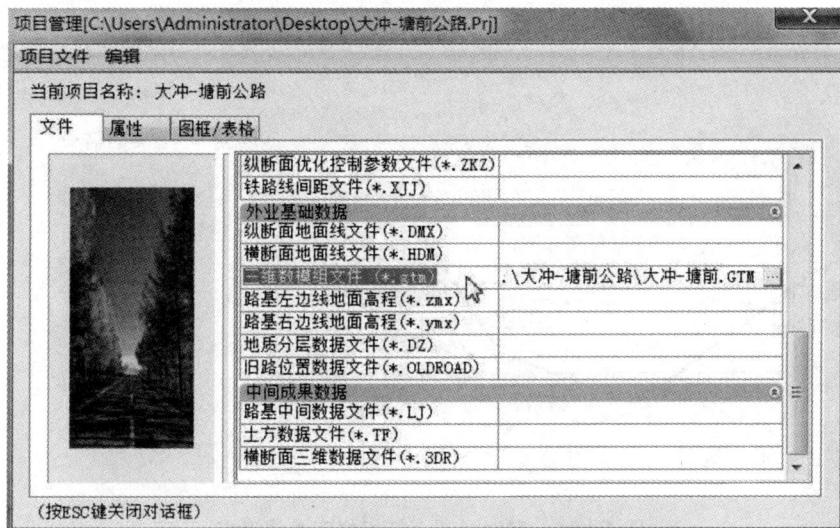

图 4 - 92　项目管理器中设置数模组文件

图 4 - 93　数模组的管理

4.3.3　路线平面的设计

1. 在地形图上初步确定路线交点

在纬地中，打开已经插入了光栅地形图并准确定位的 DWG 文件，在地形图基础上，用纬地的"主线平面线形设计"对话框，点取路线的拟定交点，如图 4 - 94 所示。

路线交点，其位置确定是否合理，要考虑很多因素，包括技术、经济、安全、美观等，是设计水平的重要体现之一。

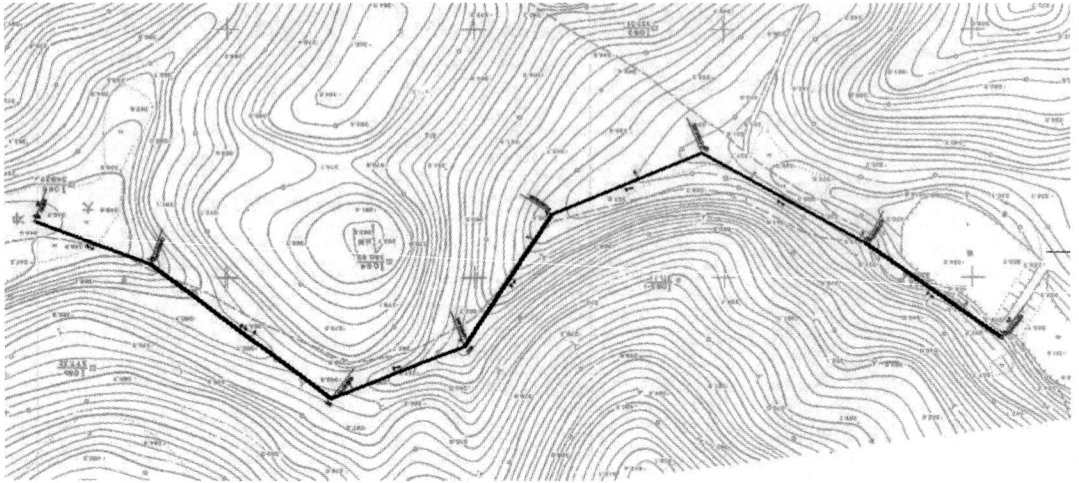

图4-94 在地形图上初步拟定路线交点

2.路线交点的修改

路线交点初步选取后,可以随时在图上进行修改,包括:

(1)移动某个交点的位置

点击"实时修改"按钮,在图上要修改的交点处点击一下,该交点会出现一个红叉,表示被选中,此时 AutoCAD 命令窗口提示"沿前边(Q)/后边(H)/自由<Z>",输入约束条件对应的字母,可移动该交点的位置,同时图形旁边会出现一个半透明的窗口,随着交点位置的移动,实时显示该交点的相关参数,如图4-95所示。

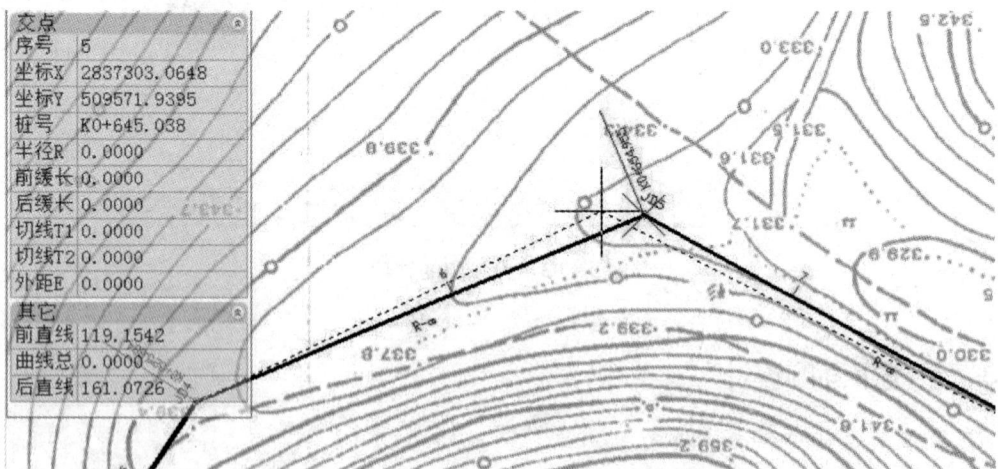

图4-95 交点位置的移动及参数的实时显示

(2)删除某个交点

比如,欲删除交点5,先点击水平滚动条,翻到交点5,再点击"删除"按钮,再点击"是"

确认删除(图 4 - 96)。点击"计算绘图",重新刷绘平面图形,可看出交点 5 已经被删除。

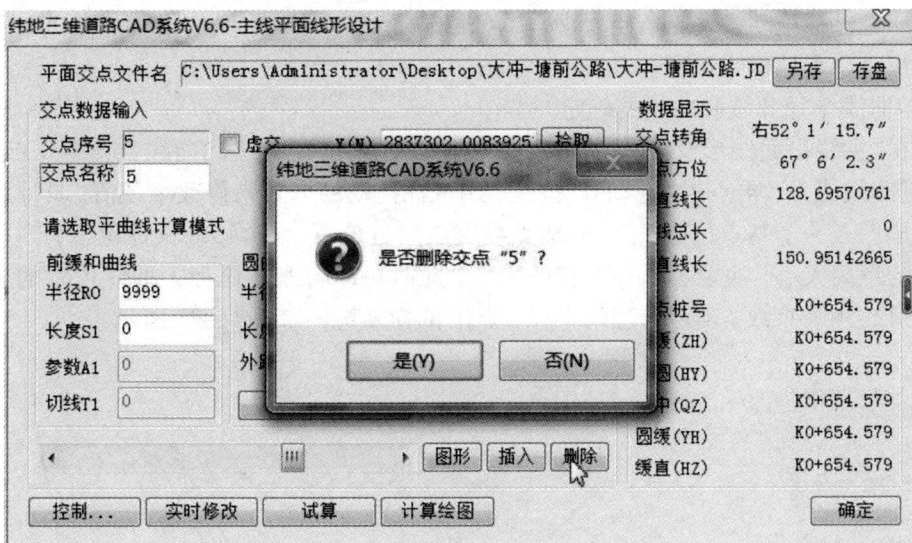

图 4 - 96 删除某个交点

(3)新增一个交点

新增交点,是指在当前交点之后(路线前进的方向)增加一个交点,交点编号在当前交点号的基础上加一(不管是否与后面交点同名)。

比如,欲在交点 4 后面新增一个交点,先点击水平滚动条,翻到交点 4,点击"插入"按钮,再点击"是"确认插入,此时,在图形界面上,用鼠标点击新插入交点的位置,如图 4 - 97所示。

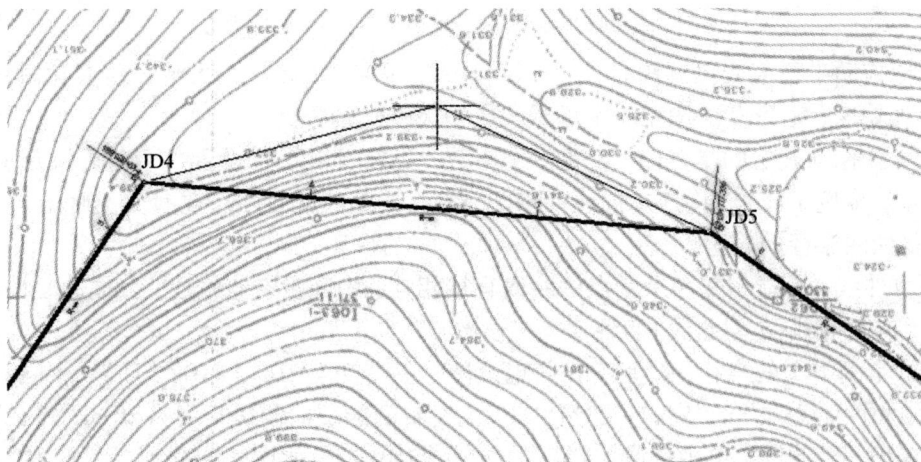

图 4 - 97 鼠标点击新插入交点的位置

3. 设置曲线半径及缓和曲线长度

可以直接在"主线平面线形设计"窗口对应位置设置交点的半径及缓和曲线长度，也可以在图形上通过鼠标拖动，改变半径大小，并实时显示对应的平曲线的形状。显然，后者更便于设计者快速合理地确定半径。

（1）单曲线半径和缓和曲线的确定

可以在"主线平面线形设计"窗口中，先凭经验输入半径和缓和曲线数值，并点击"计算绘图"刷新路线图形，再点击"拖动R"按钮，用鼠标拖动的方式来修改半径值，具体操作方法是先在图形上点一个基点（任意点，一般点在交点附近位置），再移动鼠标位置，当前鼠标位置与基点的距离大小，决定了半径变化的大小，此时可综合观察图形上曲线位置的变化和旁边数据窗口的相关参数，确定合理的半径，点击鼠标确定，如图4-98所示。

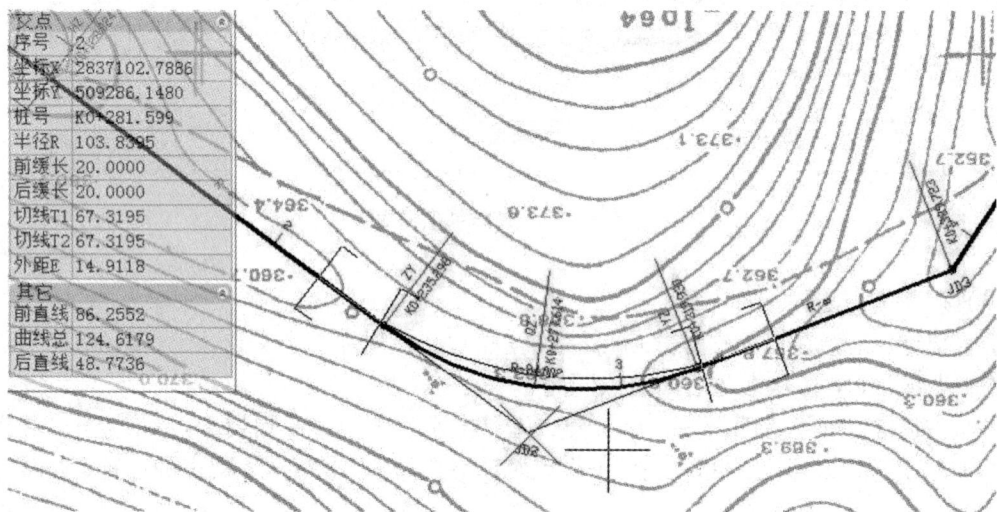

图4-98　鼠标拖动改变曲线半径

当鼠标拖动半径值变化过快时，可按字母S减缓变化，反之，当半径值变化过缓时，可按字母L加快变化，可多次按相应字母减缓或增大变化的程度。

通过半径拖动确定的半径值，不是一个整数，我们可以手工设置一个与之接近的整数半径值，比如，本例JD2拖动确定的半径是103.840 m，最终确定JD2半径为100 m。

（2）复曲线半径的确定

所谓复曲线，是指相邻两个交点的曲线直接相连，中间没有直线段，分同向复曲线（C型曲线）和反向复曲线（S型曲线）两种。

比如，本例JD2的半径确定后，我们想设计下一个交点JD3与JD2组成一个同向的复曲线，在"主线平面线形设计"窗口，翻到JD3，先设定两侧缓曲曲线长度为20 m，再在"请选取平曲线计算模式"下拉菜单中选取"反算：与前交点相接"，如图4-99所示，点击"试算"按钮，即可推算出JD3的半径。

JD3的半径也不会是一个整数值，这个数值正好使JD3的平曲线与JD2的平曲线直接连接，中间直线段为0，因此不要手工调整其为整数值。点击"计算绘图"按钮，重新绘制平曲

图 4 - 99　选取平曲线计算模式

线图形，完成 JD2 ~ JD3 同向复曲线的设计，如图 4 - 100 所示。

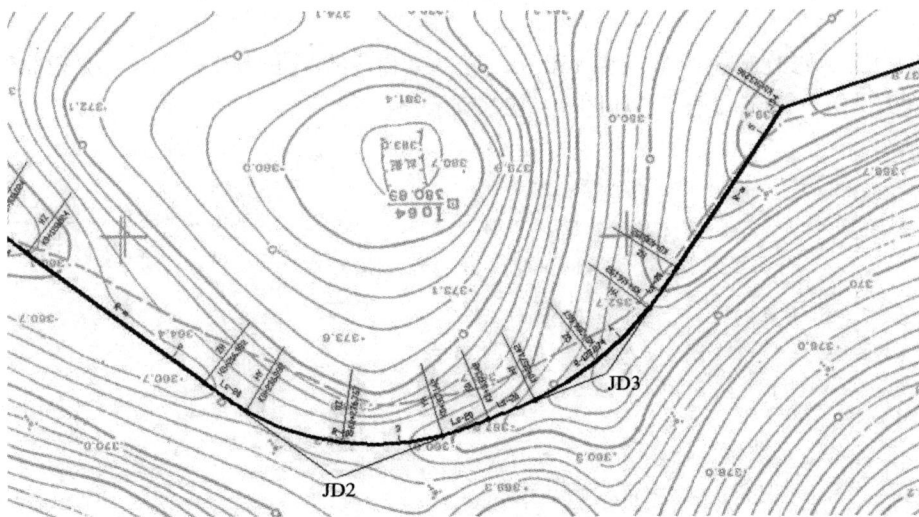

图 4 - 100　同向复曲线设计

（3）卵形曲线的布置

同向的 C 型复曲线在线型上并不优，应尽量不用，而改为设置卵形曲线。所谓卵形曲线，就是在两个同向的、不同半径圆曲线之间，设置一个不完整缓和曲线，该缓和曲线两端的曲率半径与圆曲线半径一致。关于卵形曲线的详细阐述，请参阅第 2.2.2 节。

首先，初步确定卵形曲线的基本参数，根据之前同向复曲线设计确定的 JD2 和 JD3 的半径，确定卵形曲线 JD2 半径为 100 m，JD3 半径为 150 m，第一缓和曲线、中间缓和曲线、第二缓和曲线长度均为 20 m。

在"主线平面线形设计"窗口，翻到 JD2，圆曲线半径 100 m、第一缓曲长度 20 m 保持不变，根据卵形曲线的中间不完整缓和曲线在小半径交点中设置的原则，设置第二缓和曲线长度为 20 m（即中间的不完整缓和曲线），同时对应的半径修改为 150 m，点击"试算"、"计算绘图"，如图 4 – 101 所示。

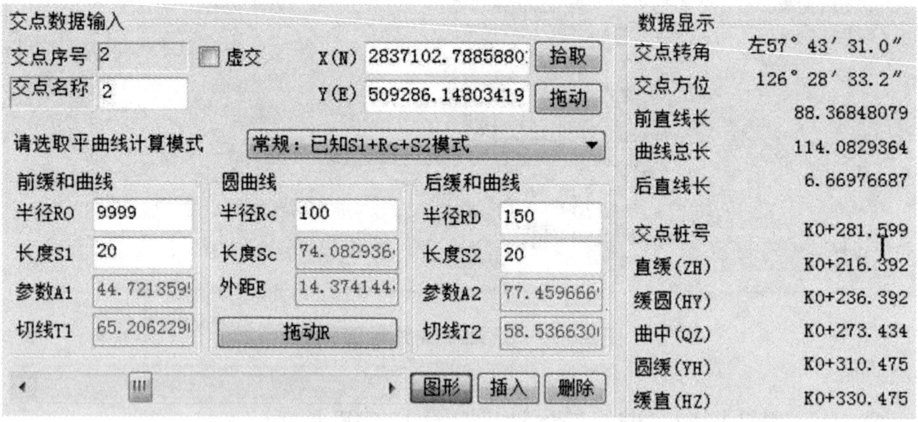

图 4 – 101　卵形曲线参数设置（JD2）

再翻到 JD3，修改圆曲线半径为 150 m、第一缓和曲线长度为 0 m、第二缓和曲线长度为 20 m，点击"试算""计算绘图"，如图 4 – 102 所示。

图 4 – 102　卵形曲线参数设置（JD3）

这里，由于 JD2 和 JD3 平曲线之间还存在一段比较短的直线段（图 4 – 102 中，JD3 前直线长 9.225 m），要通过在图上改变 JD2 或 JD3 的平面位置（之前确定的半径和缓和曲线参数不变），使该直线段长度为 0 即可。这里，改变 JD3 的平面位置，使前直线距离为 0（图 4 – 103）。在拖动鼠标改变交点位置时，按下字母键 S 或 L，可以减缓或加快变化的程度。

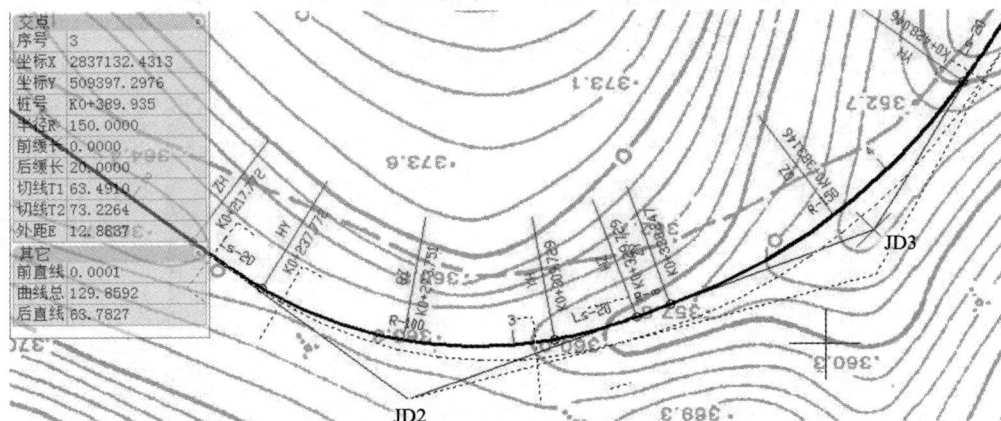

图 4 – 103　用鼠标拖动 JD3 的平面位置完成卵形曲线的布置

按照以上方法，完成全部交点的平曲线设计，并及时保存。

4.3.4　路线纵断面的设计

1. 生成桩号文件

生成指定桩距的逐桩桩号到一个桩号文件(＊.STA)中。点击下拉菜单[工具]—[桩号文件]，弹出"输出桩号文件设置"对话框(图 4 – 104)，输入桩号间距 20 m，选择"输出曲线要素桩"，点击"输出"按钮，即可输出一个与项目文件同名的桩号文件到项目所在文件夹。

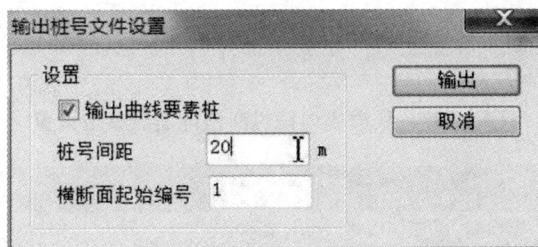

图 4 – 104　输出桩号文件设置

可使用纬地的数据管理编辑器打开和查看桩号文件内容，如图 4 – 105 所示。

2. 从数模采集中桩的地面高程

点击下拉菜单[数据]—[从 DTM 采地面数据]，弹出"从数模内插纵断面地面线"对话框(图 4 – 106)，确认起终点桩号无误后，点击"开始插值"按钮，弹出保存纵断面地面线文件(＊.DMX)的对话框，保存文件，即可完成各桩号地面高程的采集，可使用纬地数据编辑器查看纵断面地面线文件(＊.DMX)内容，如图 4 – 107 所示。

3. 绘制纵断面地面线

新建一个 AutoCAD 文档，点击下拉菜单[设计]—[纵断面设计]，弹出"纵断面设计"对话框，如图 4 – 108 所示。

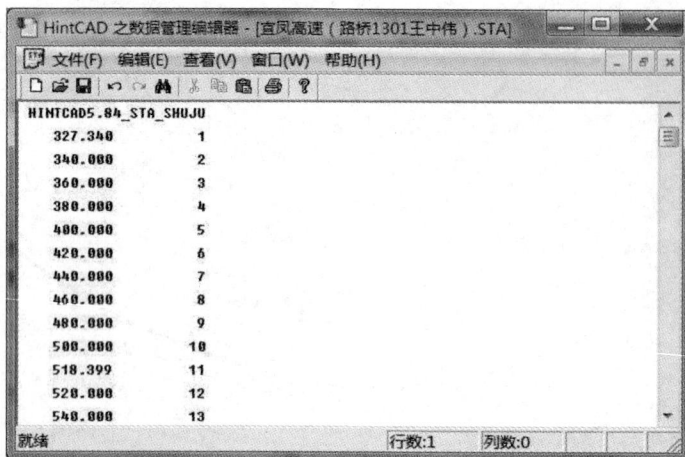

图 4 – 105　使用纬地数据管理编辑器查看桩号文件内容

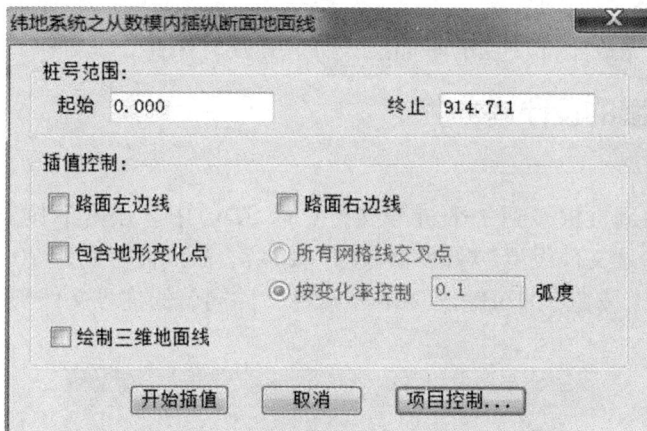

图 4 – 106　从数模内插纵断面地面线参数设置

图 4 – 107　纵断面地面线文件(∗ . DMX)内容

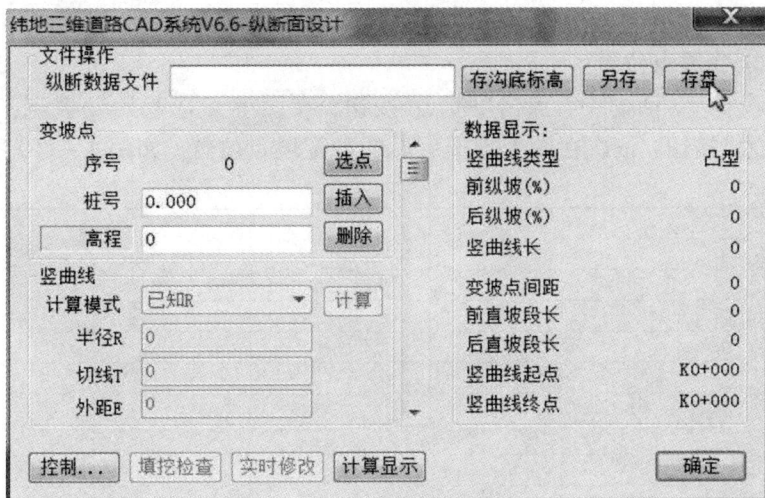

图 4 – 108　纵断面设计对话框

先点击"存盘"按钮，新建并保存纵断面设计文件（ ＊.ZDM）。

再点击"计算显示"按钮，生成纵断面地面线。当前屏幕图形中将绘出全部路线的纵断面地面线、里程桩号和平曲线，屏幕图形下方也会出现一个固定窗口对应显示平曲线，会随着纵断面图的缩放、移动等操作随之横向变化，并始终与纵断面图中的桩号位置对应，方便设计者进行纵断面设计时同时考虑与平面的协调，如图 4 – 109 所示。

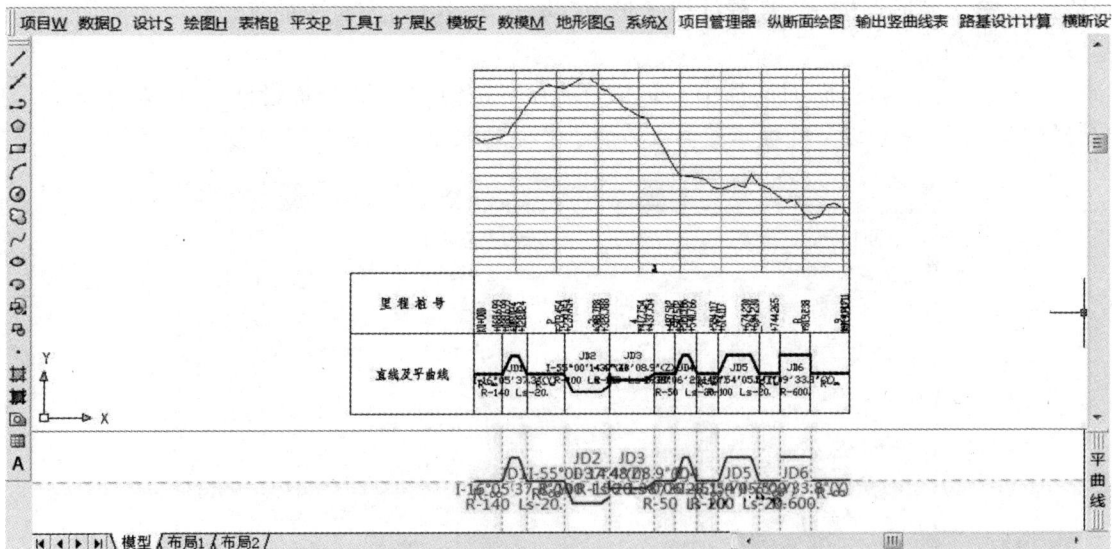

图 4 – 109　生成纵断面地面线

4.进行纵断面设计

纵断面设计，就是确定各变坡点的位置（桩号）、高程，以及竖曲线的半径。

（1）初步确定变坡点位置

在"纵断面设计"对话框中，点击"选点"按钮，在图上点选起始变坡点，确定桩号和高程。再点击"插入"按钮，依次在图上点选后面的各变坡点位置，如图4-110所示。

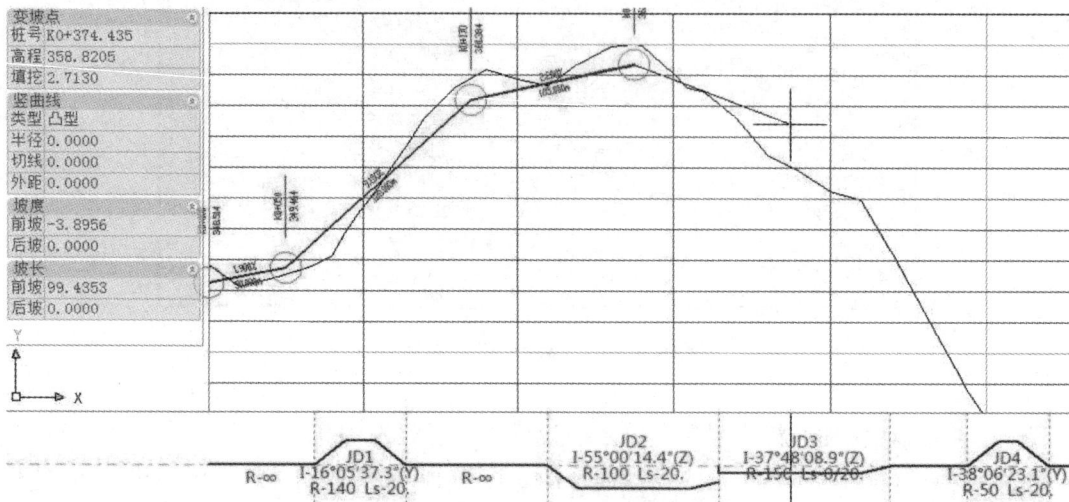

图4-110　初步确定变坡点位置

选择变坡点位置时，AutoCAD命令窗口有很多选项，如＜P控制坡度/G控制标高/L控制坡长/S输入变坡点桩号，高程/I输入坡度，坡长＞，可输入对应的字母，灵活使用，完成变坡点位置的确定。

可以在"纵断面设计"对话框中，点击"控制…"按钮，在"纵断面设计控制"对话框中，在"自动取整设置"中，设置变坡点桩号、坡度、半径的取整，如图4-111所示。

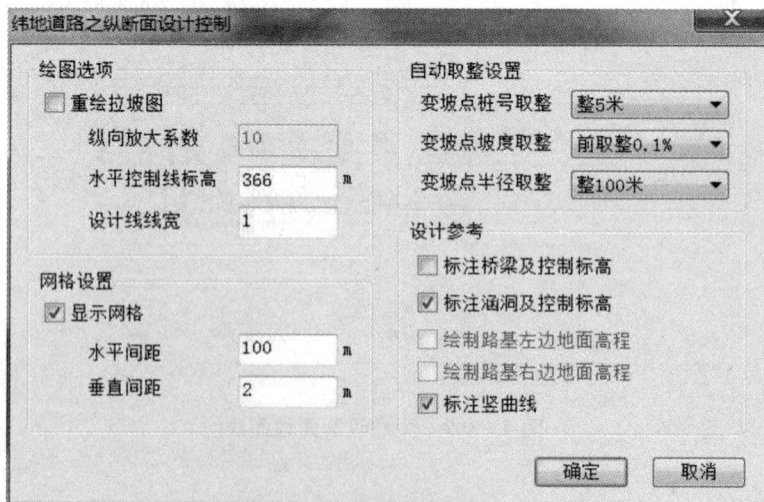

图4-111　纵断面设计控制

由于路线终点桩号一般不是整数，变坡点终点用鼠标点取大致位置后，需要手工修改为实际终点桩号。

（2）变坡点的编辑

图上选取变坡点，通常只是初步的位置，后续设计还需进一步修改和优化，基本操作包括移动变坡点位置、增加或删除变坡点等。

在"纵断面设计"对话框中，点击"实时修改"按钮，再在图上点取需要修改的变坡点，再通过输入相应的字母，可对选取的变坡点进行沿前坡（F）、沿后坡（B）、水平（H）、垂直（V）、自由（Z）等方向的位置移动，同时边上会显示参数表对应数据的变化，如图 4 – 112 所示。

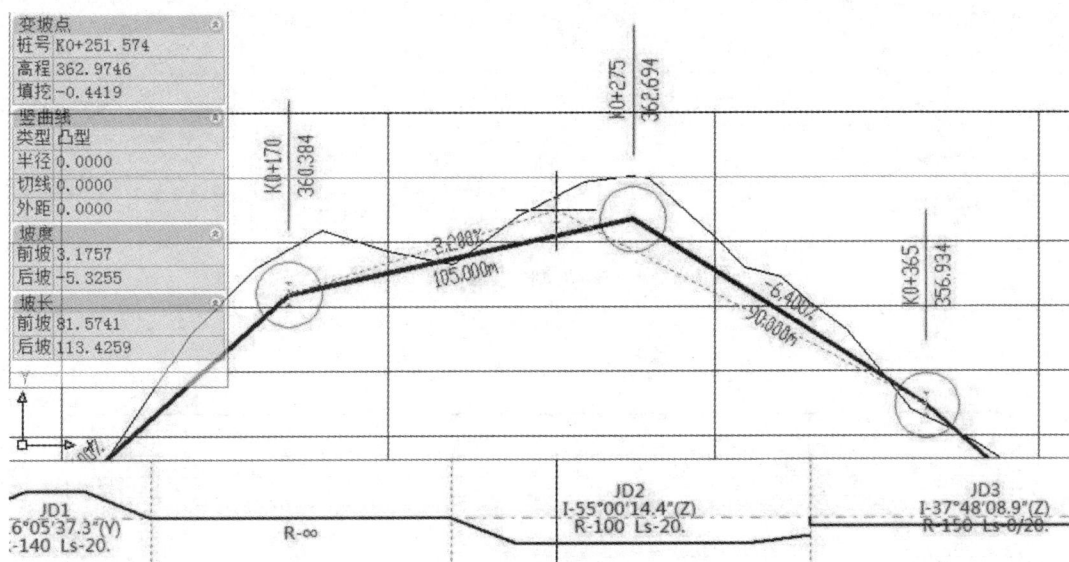

图 4 – 112　移动变坡点位置

要删除某个变坡点，点击"删除"按钮，再在图上点击要删除的变坡点即可。

要插入一个变坡点，先翻到某个变坡点，再点击"插入"按钮，即可在当前变坡点后面插入一个变坡点，插入的位置由鼠标在图形上点击确定。

（3）竖曲线半径的设置

在"纵断面设计"对话框中，点击"实时修改"按钮，在图上点击要修改的变坡点，输入字母参数 R，即可在图上拖动鼠标设置竖曲线半径，如图 4 – 113 所示。竖曲线的半径，可以根据设置自动取整，如图 4 – 111 所示。

按以上办法逐个完成竖曲线半径的设置，如图 4 – 114 所示。

4.3.5　路线横断面的设计

1. 从数模采集横断面地面线数据

点击下拉菜单［数据］—［从 DTM 采集横断面地面数据］，弹出"横断面插值"对话框，相关参数设置见图 4 – 115，点击"开始插值"按钮，弹出保存横断面地面线文件（*.HDM）的对话框，保存文件后，即可获取各桩号的横断面地面线数据。

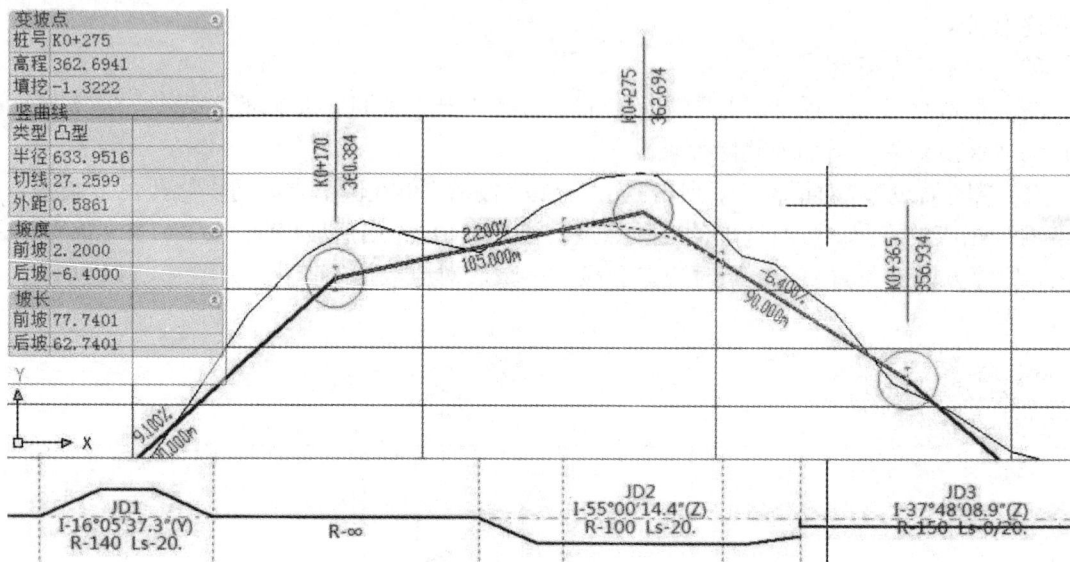

图 4 – 113　拖动鼠标设置竖曲线半径

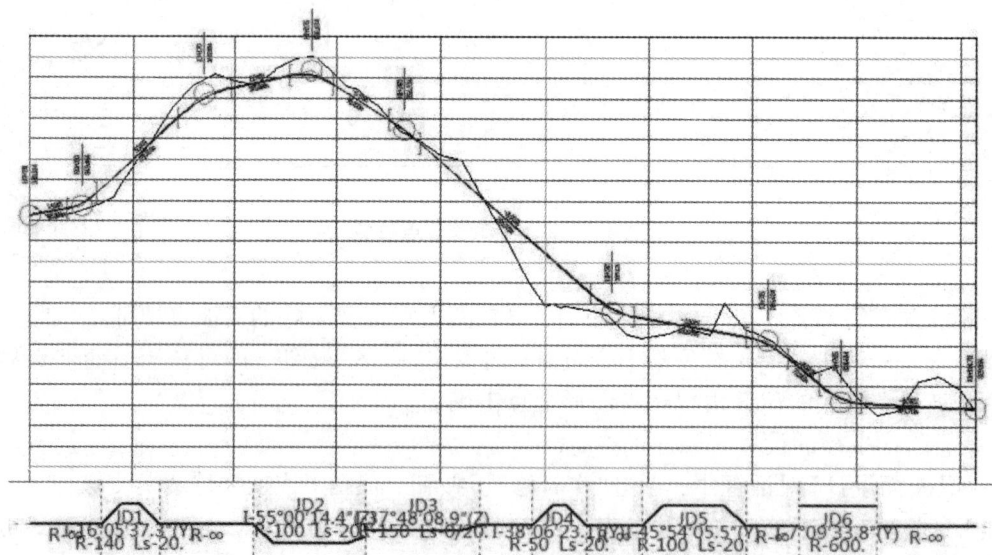

图 4 – 114　完成路线所有竖曲线半径的设置

2. 运行纬地设计向导，完成路基横断面各参数的设定

点击下拉菜单［项目］—［设计向导］，根据设计向导完成各步骤参数设置，具体操作可参考第 4.2.5 节相关内容。设计向导主要设置界面如图 4 – 116 所示。

3. 通过控制参数输入土石比例

点击下拉菜单［数据］—［控制参数输入］，弹出"设计参数控制数据文件"对话框，点击

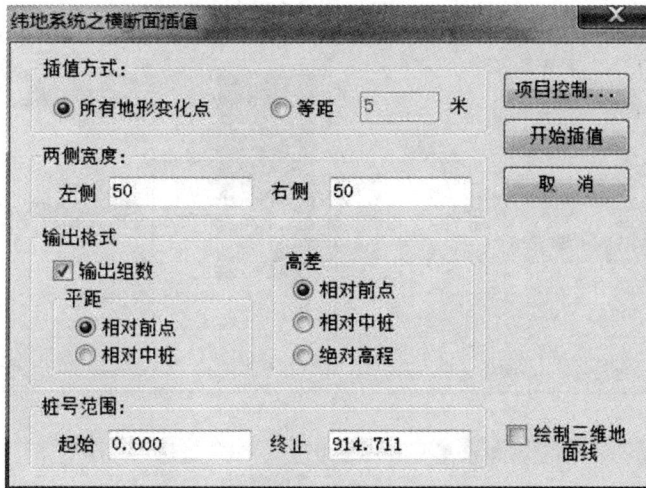

图 4-115 横断面插值设置

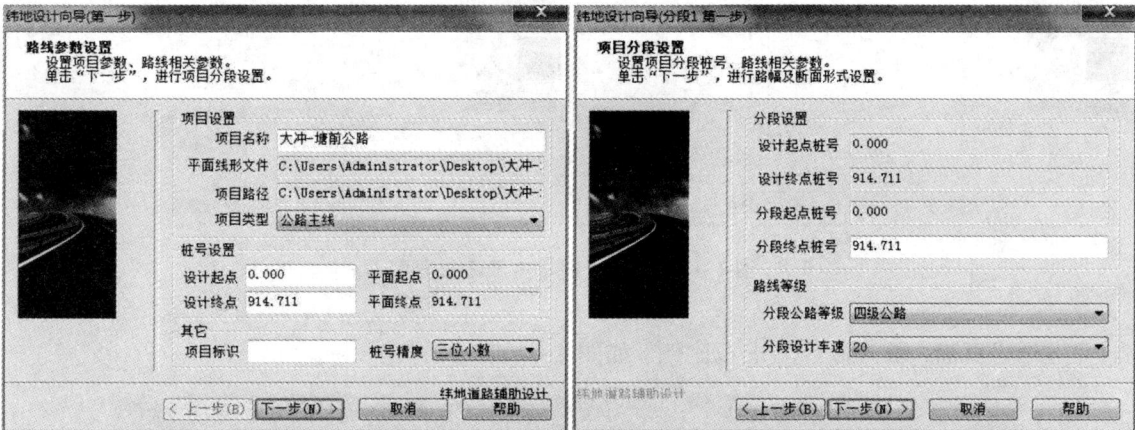

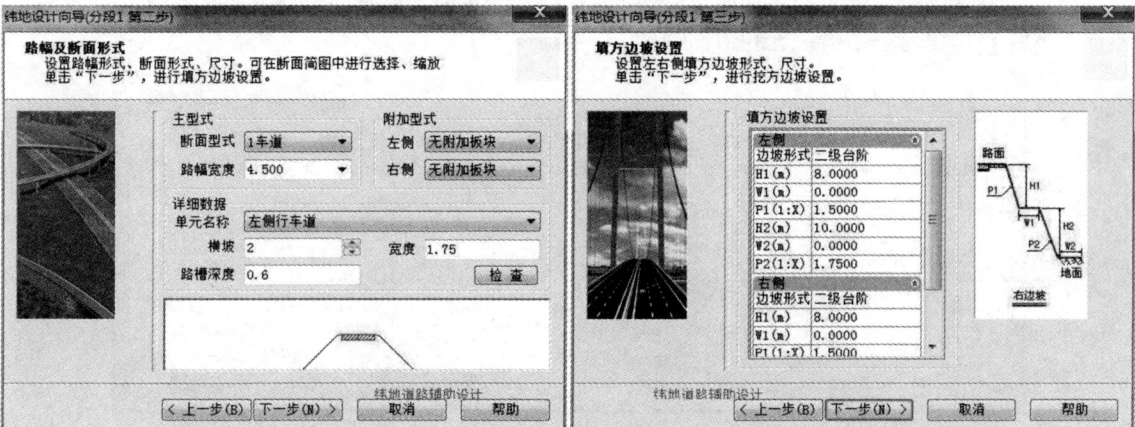

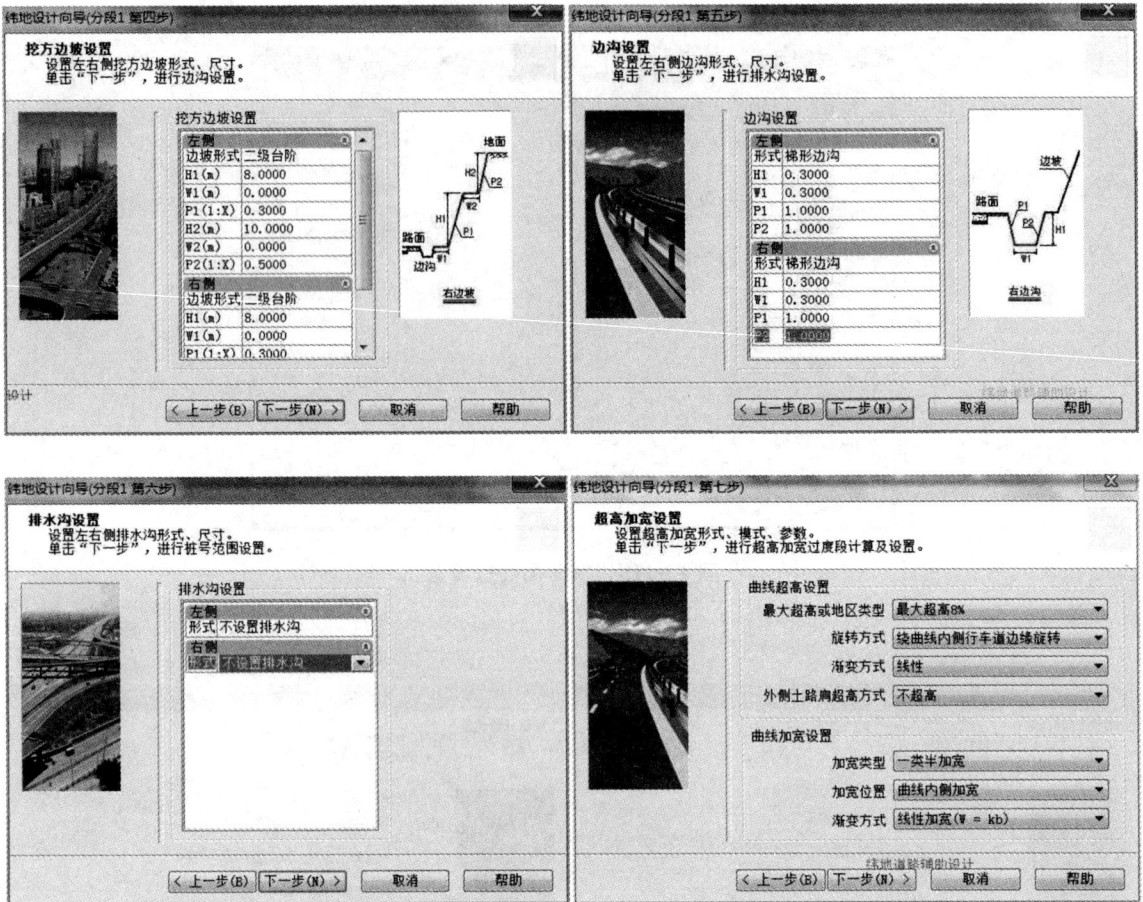

图 4－116　设计向导主要设置界面

"土石分类"页面，输入设计的土石比例，如图 4－117 所示。

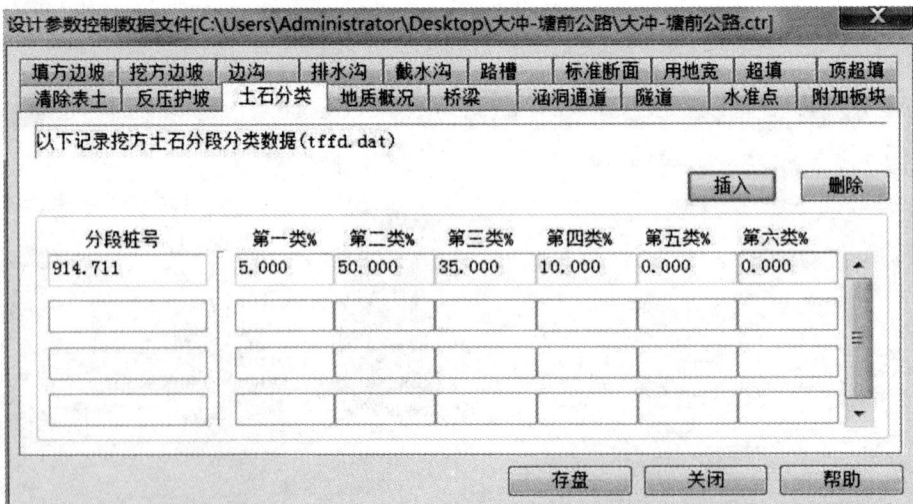

图 4－117　输入土石比例

控制参数中的其他内容，如桥梁、涵洞通道等，因未做这方面的设计，暂时不管。

4. 路基设计计算

点击下拉菜单[设计]—[路基设计计算]，弹出"路基设计计算"对话框(图4-118)，另存路基设计中间数据文件(*.lj)，点击"搜索全线"按钮确定计算桩号区间，点击"计算"按钮，完成路基设计计算。

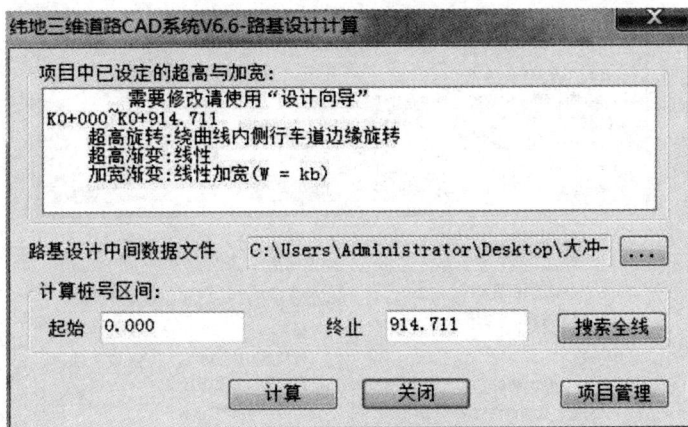

图 4 - 118　路基设计计算设置

5. 路基横断面初次出图

本次生成路基横断面图，目的不是最终出设计图纸，而是为了通过查看生成的路基横断面图，进行进一步的修改和优化，比如调整平纵线型参数、设置挡墙等支挡防护构造物、修改路基边坡等。

点击下拉菜单[设计]—[横断面设计绘图]，相关设置如图4-119所示。

需要说明的是，因为有数字地面模型，后期可以进行路线的三维建模，因此在"绘图控制"页面，选择"记录三维数据"。

点击"设计绘图"按钮，按照相关提示，生成路基横断面图，如图4-120所示。

6. 路基支挡防护构造物的设置

路基设计过程中，通常要设置挡土墙等路基支挡、防护构造物，并在路基横断面图中体现。

点击下拉菜单[设计]—[支挡构造物处理]，弹出"挡墙设计工具"对话框，对话框窗体主要有三个部分，左侧为树状"挡土墙编辑管理窗口"，右上为挡土墙输入、平移、缩放、选择的"图形窗口"，右下为"挡土墙属性窗口"，如图4-121所示。

其中，左侧树状"挡土墙编辑管理窗口"又分为两部分，上部是标准挡墙库，用户可以在库中选择合适的挡土墙形式应用到本工程项目中，也可以自行定义挡墙添加到库中，下部是挡墙文件，显示的是本工程项目左、右侧设置的挡墙信息(以*.DQ的文件格式保存在项目文件夹中)，如图4-122所示。

比如，本例路线左侧K0+060~K0+080拟设置墙高2 m的仰斜式路肩挡墙，左侧K0+580~K0+620拟设置墙高3 m的仰斜式路肩挡土墙，按以下方法进行操作：

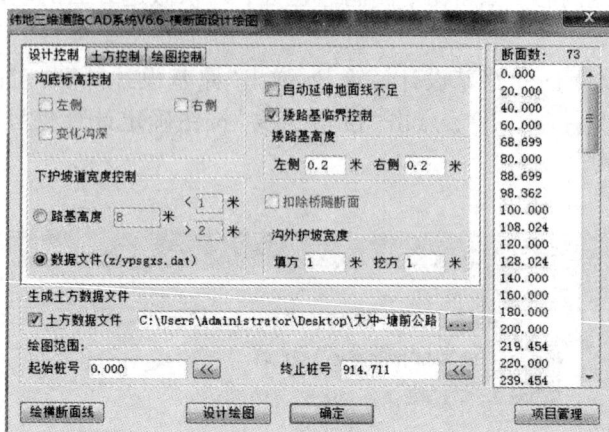

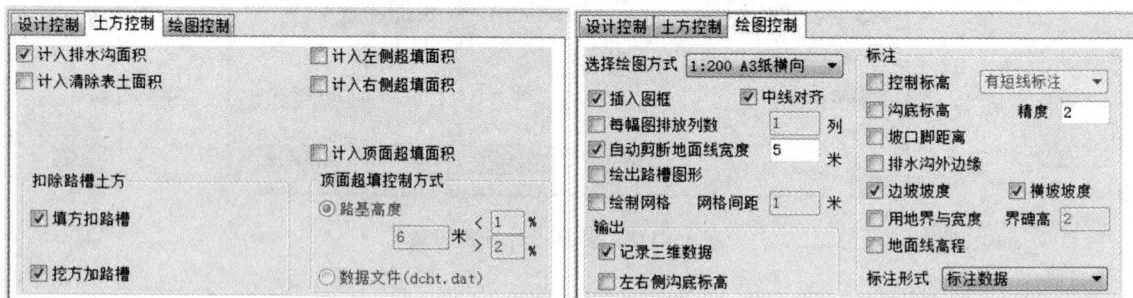

图 4 – 119　横断面设计绘图参数设置

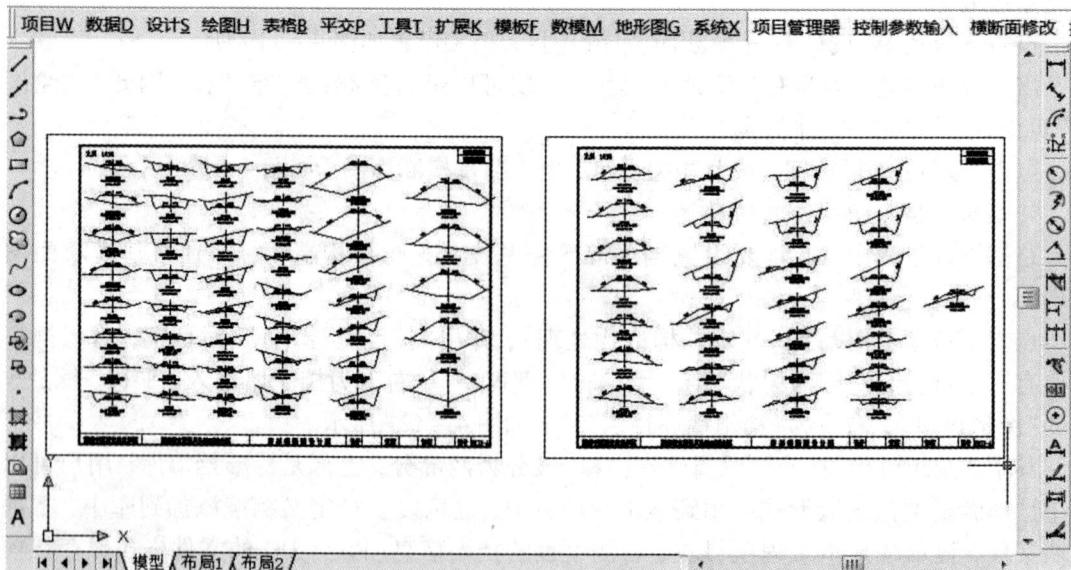

图 4 – 120　生成路基横断面图

图 4 - 121　挡墙设计工具

　　（1）在标准挡墙库中，选择"仰斜式路肩挡墙"—"路肩挡墙 2"，单击鼠标右键"复制"或者快捷键 Ctrl + C。

　　（2）选择"挡墙文件"下的"左侧挡墙"，单击鼠标右键"粘贴"或者快捷键 Ctrl + V，此时"左侧挡墙"下多了一个"0 ~ 0 路肩挡墙 2"。

　　（3）点击"0 ~ 0 路肩挡墙 2"，在右侧的属性窗口设置起点桩号"60"，终点桩号"80"，此时，原"0 ~ 0 路肩挡墙 2"变为"60 ~ 80 路肩挡墙 2"。

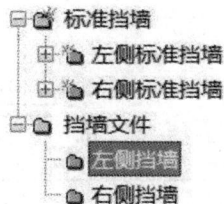

图 4 - 122　挡土墙编辑管理窗口

　　（4）按前面的方法，在"左侧挡墙"下再添加一段"580 ~ 620 路肩挡墙 3"，如图 4 - 123 所示。

　　（5）挡墙设置完毕，保存挡墙文件（＊.dq）到项目文件夹下。

　　重新进行横断面设计绘图操作，可以看到，K0 + 060 ~ K0 + 080 及 K0 + 580 ~ K0 + 620 两个路段的左侧挡土墙，已经在横断面图上绘制出来，如图 4 - 124 所示。

　　7. 路基横断面图的局部修改

　　路基横断面图由程序自动生成并绘制，不一定十分完美，免不了有个别断面需要修改的情形，如图 4 - 125 所示的 K0 + 700 的横断面图，左侧就没有必要设置边沟。

　　横断面图修改的方法是，先选择路基设计线，使用"explode"炸开整条连续的设计线，并

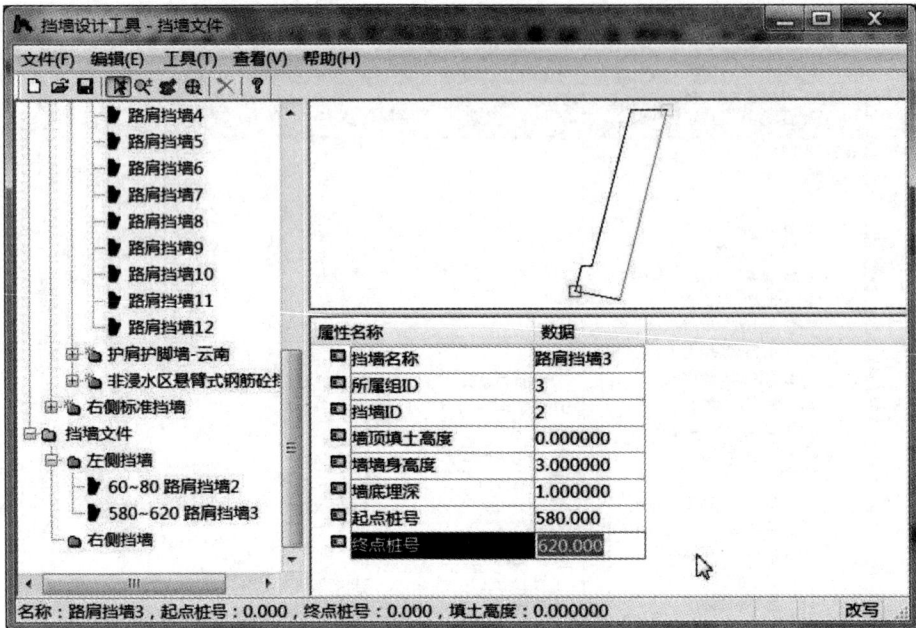

图 4 – 123　添加挡土墙

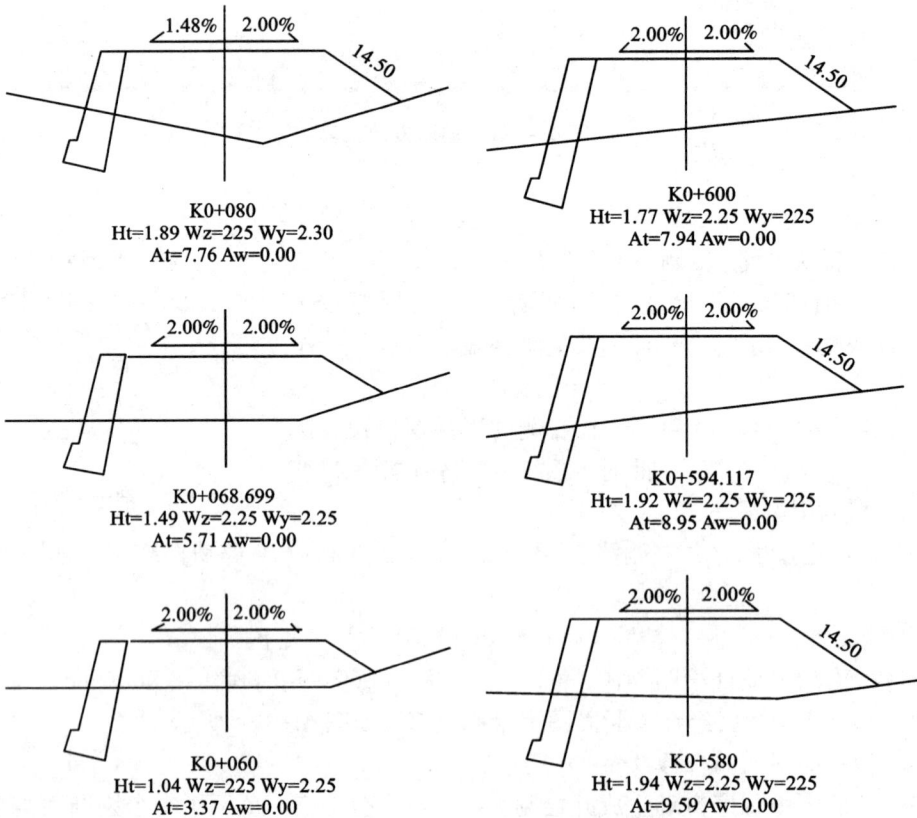

图 4 – 124　横断面图上显示挡土墙布置

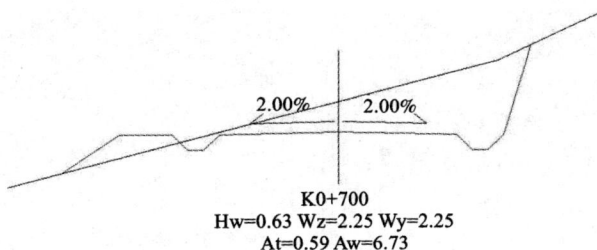

K0+700
Hw=0.63 Wz=2.25 Wy=2.25
At=0.59 Aw=6.73

图 4 – 125　K0 + 700 横断面图(修改前)

对其进行修改，修改后如图 4 – 126 所示。

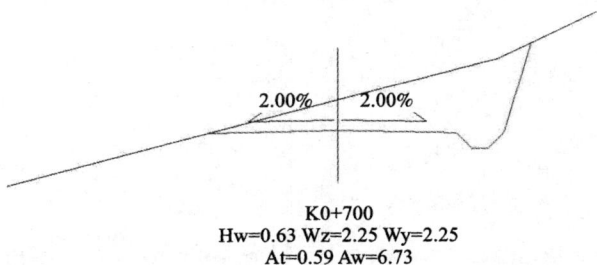

K0+700
Hw=0.63 Wz=2.25 Wy=2.25
At=0.59 Aw=6.73

图 4 – 126　K0 + 700 横断面图(修改后，未同步参数)

　　刚才，路基横断面仅完成了图形的修改，但相关参数(土石方填挖面积等)还未同步修改，需要进行重新计算并更新相关的数据文件。点取下拉菜单[设计]—[横断面修改]，按照提示，点选刚才修改的横断面中心线，系统即可重新计算该横断面填挖方面积、坡口坡脚距离以及用地界等参数，同时启动"横断面修改"对话框(图 4 – 127)，对话框中的各项参数是根据修改后的横断面图重新计算的，用户可以继续在对话框中修改参数。

　　点击"修改"按钮，系统自动刷新项目中土方数据文件(* . TF)以及横断面三维数据文件(* . 3DR)，完成横断面的修改及对应数据的更新(图形与数据的联动)，如图 4 – 128 所示。

　　横断面个别修改之后，如果系统重新进行横断面设计绘图，则这些修改会全部丢失。

4.3.6　设计图表的输出

　　在完成路线平、纵、横的设计后，便可进行设计图表的打印输出。常见设计图表的输出命令及主要设置见表 4 – 1。

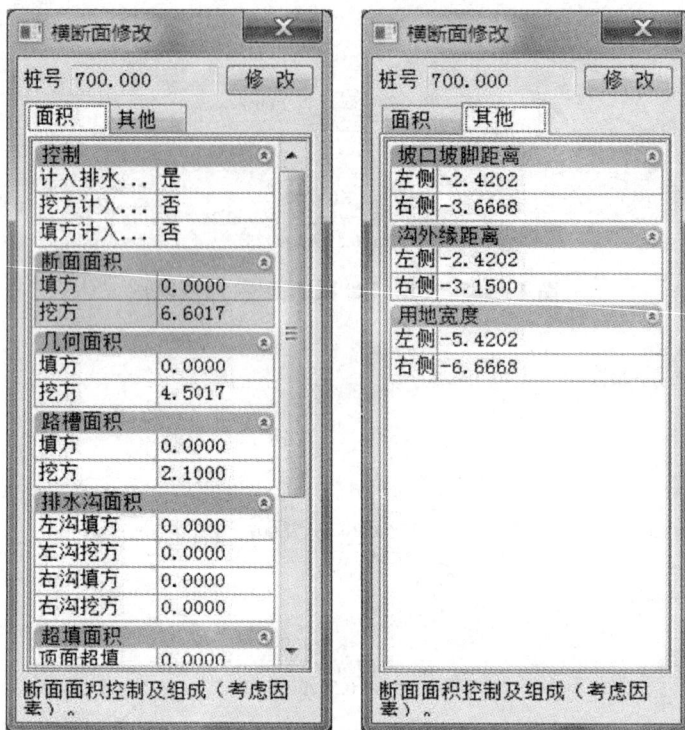

图4-127 "横断面修改"对话框

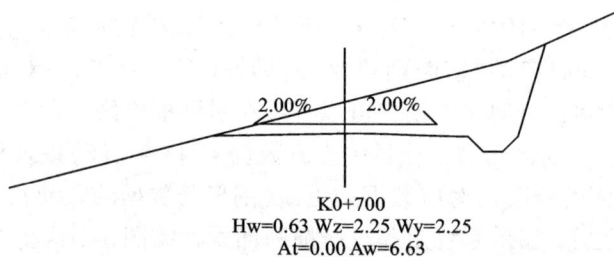

K0+700
Hw=0.63 Wz=2.25 Wy=2.25
At=0.00 Aw=6.63

图4-128 K0+700横断面图(修改后,图形与参数同步更新)

表4-1 纬地相关设计图表的输出命令及主要设置

序号	图/表名称	命令(下拉菜单)	输出格式	主要设置
1	直线、曲线及转角表	【表格】— 【输出直曲转角表】	Word EXCEL	表格形式: (1)高等级公路(坐标复杂型) (2)高等级公路(坐标简单型) (3)低等级公路(不带坐标型)

续表 4-1

序号	图/表名称	命令(下拉菜单)	输出格式	主要设置
2	路线平面设计图	【绘图】—【平面自动分图】	CAD 图纸空间	绘图比例 1:2000，每页 700 m，裁减宽度 400 m，插入曲线元素表
3	逐桩坐标表	【表格】—【输出逐桩坐标表】	Word EXCEL 文本文件	
4	纵坡、竖曲线表	【表格】—【输出竖曲线表】	Word EXCEL 文本文件	
5	路线纵断面图	【设计】—【纵断面绘图】	CAD 模型空间	插入图框、自动断高、横向比例 2000、纵向比例 200
6	路基横断面设计图	【设计】—【横断设计绘图】	CAD 模型空间	设计控制、土方控制、绘图控制
7	路基设计表	【表格】—【输出路基设计表】	Word CAD 模型空间 CAD 图纸空间	表格形式：(1)高等级公路 (2)低等级公路 (3)高等级公路(带附加板块) (4)高等级公路(带坐标)
8	平曲线上路面加宽表	【表格】—【输出路面加宽表】	EXCEL	
9	路基土石方数量计算表	【表格】—【输出土方计算表】点击"计算输出"	Word EXCEL	计算模式每公里，松方系数土方 1、石方 0.92，扣除大中桥、扣除隧道
10	路基每公里土石方数量表	【表格】—【输出土方计算表】点击"每公里"	EXCEL	

4.3.7 路线三维建模与透视图

1.路线与地面三维模型建立

利用数字地面模型，可在纬地中快速建立公路与地面的真实三维模型。

之前，在横断面设计绘图时，选择了"记录三维数据"，这样系统会在横断面设计绘图的同时，将每个断面的路基边坡、边沟等三维数据保存到横断面三维数据文件(∗.2DR)中。

点击下拉菜单[数模]—[三维建模]—[输出路线三维模型]，弹出"三维模型生成"对话框，可以选择"分段输出"的方式，分别生成路基模型、桥梁模型和隧道模型，也可以选择"整体输出"方式，一次性生成路基、桥梁、隧道模型。选择"输出三维地面模型"，可以在路线三维模型基础上同时输出地面模型，如图 4-129 所示。

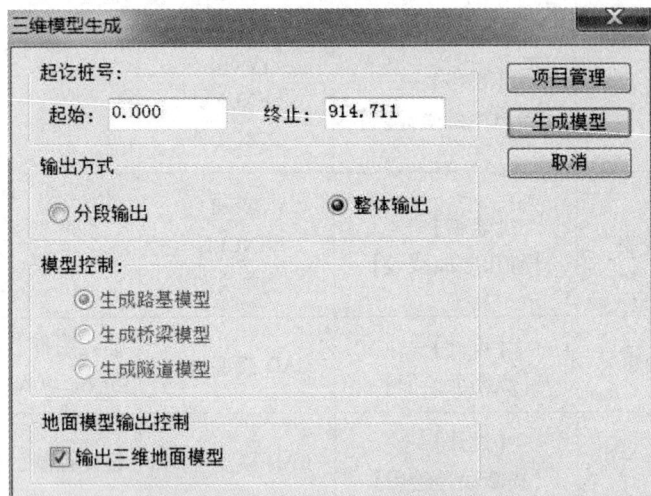

图 4-129　三维模型生成参数设置

生成路线与地面三维模型后，可以用 AutoCAD 的三维动态观察器从任意角度来浏览查看公路建成后的景观，如图 4-130 所示。

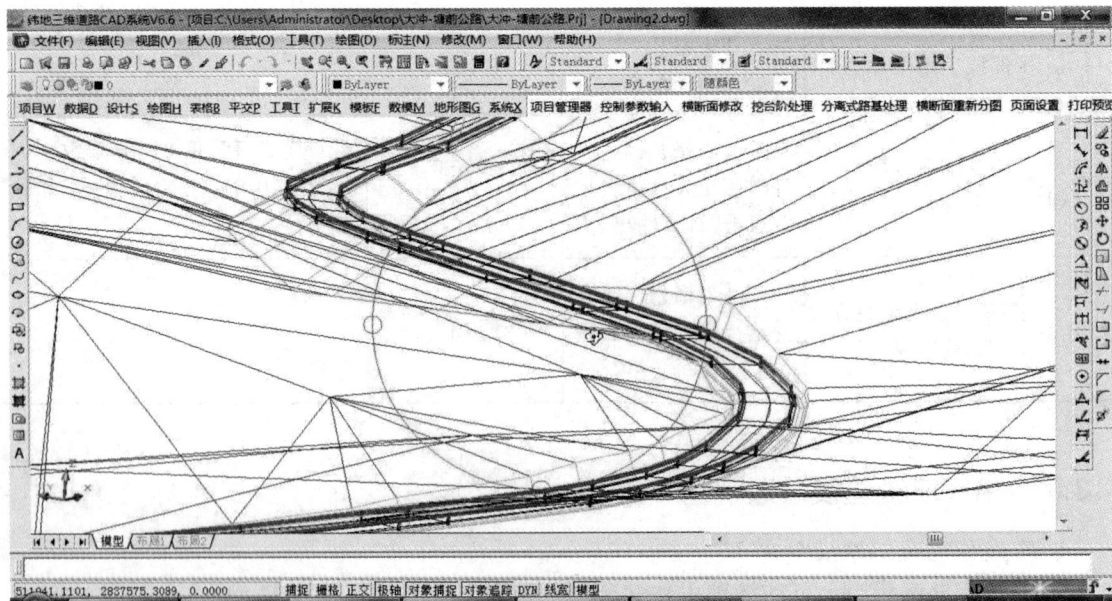

图 4-130　生成的路线与地面三维模型

2.路线透视图绘制

　　点击下拉菜单[绘图]—[绘制路线透视图]—[设定视点]，在"透视图视点设定"对话框中设定视点方向(向前、向后)、位置(路基左侧、路基右侧)、视点的桩号、视点距中心线的距离、视点距路面的高度、视线偏移角度(单位为度，如：向左偏移 10 度，则输入"–10")。图 4–131 是 K0+190 处的路线透视图视点参数设定，图 4–132 是生成的路线透视图。

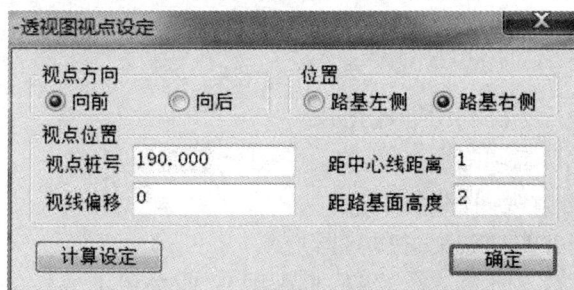

图 4–131　透视图视点参数设定

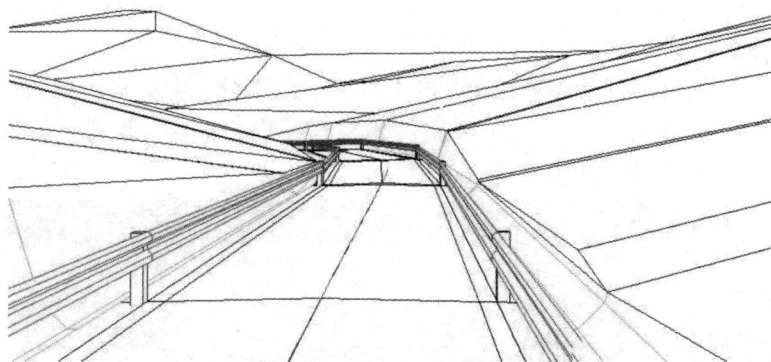

图 4–132　生成的路线透视图

4.4　路基土石方的可视化调配

4.4.1　纬地土石方可视化调配系统简介

　　使用纬地三维道路 CAD 系统(以下简称"纬地道路系统")生成的路基土石方数量计算表中，仅有土石方数量和本桩利用，而无土石方的纵向调配及其示意图，只能后期采用人工调配的方法去完成这项工作，这是一项比较费时耗力的工作。除此之外，也可采用专门的土石方调配软件来辅助完成。

　　纬地土石方可视化调配系统(HintDP，以下简称"纬地土石方系统")，是公路、铁路等带状工程土石方可视化、交互式动态调配软件，该软件采用图形方式显示各断面土石方数量，用户通过鼠标拖放操作，便可快捷地完成土石方纵横向调配全过程，并立即得到 EXCEL 格式的全线的土方数量计算表（含纵向调配图）、每公里土方数量表和运量统计表。整个调配过程用户无需作相关计算、统计，系统能够根据用户选择的调配原则及操作过程，来完成各断面方及整个调配过程的相关计算（如：本桩利用、土石自然方向压实方的转换、调配运距、数量累加与统计等）。

使用纬地土石方系统进行土石方调配的基本步骤通常为：

（1）新建土石方调配文件(* . tsf)；

（2）数据录入、导入；

（3）数据预处理（进行本桩利用等计算）；

（4）开始调配（显示动态调配图）；

（5）通过鼠标拖放进行纵向调配；

（6）结束调配（检查并整理调配过程数据）；

（7）输出表格（土方数量计算表（含纵向调配图）、每公里土方数量表、运量统计表）。

下面以 4.3 节的路线设计项目（大冲—塘前公路）为例，讲述纬地工程土石方调配系统的具体使用方法。

4.4.2　从纬地路线项目导入土石方数据

1. 新建或打开土石方调配文件(* . TSF)

点击下拉菜单［文件］—［新建］，或点击工具栏上的新建工具，将出现另存为对话框如图 4 -133 所示，指定文件名和路径，这里取文件名与路线项目同名，保存后，系统将建立一个新的土石方调配文件"大冲—塘前公路. tsf"。

图 4 – 133　新建土石方调配文件

当需要调入以前已经建立的土石方调配文件时，点击下拉菜单［文件］—［打开］，并选择已经建立的土石方文件（＊.TSF）。

2. 从纬地道路系统中导入数据

系统调配所需的逐桩断面填挖方面积、沿线构造物等数据可由以下三种方式获得：

（1）从纬地道路系统项目中直接导入；

（2）由用户直接导入其他路线软件的土方数据，然后录入构造物等数据信息；

（3）直接在数据录入的"逐桩面积""构造物"等对话框中输入。

这里仅讲述第一种方式：从纬地道路系统项目中直接导入。

点击下拉菜单［文件］—［读入纬地道路项目］，出现打开对话框，选择要打开的纬地道路系统的项目文件（＊.prj），这里选择之前建立的"大冲—塘前公路.prj"项目文件（图4－134）。

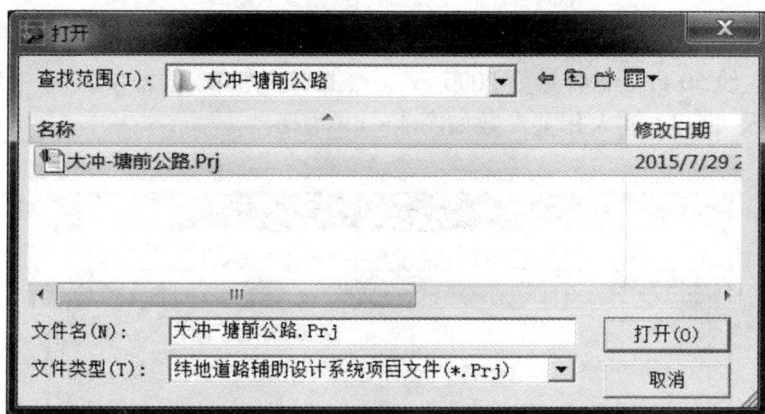

图 4－134　读入纬地道路项目文件

纬地土石方系统可直接从打开的纬地道路项目文件中提取相关数据到土方调配文件中，这些数据包括：

（1）逐桩断面面积（对应原土方数据文件＊.tf）；

（2）路槽［对应控制参数文件（＊.ctr）中的路槽部分］；

（3）土石含量［对应控制参数文件（＊.ctr）中的土方分段部分］；

（4）构造物［对应控制参数文件（＊.ctr）中的大中桥数据］。

导入后，上述数据可在［数据录入］菜单下的相关子菜单中查看，比如，逐桩断面面积，可点击下拉菜单［数据录入］—［逐桩面积］，弹出"逐桩面积数据录入"窗口，在该窗口中可查看相关数据（图4－135）。在该窗口中，也可以手工输入逐桩面积，或者导入路线设计系统的土方文件（包括纬地的土方数据文件＊.tf）。

3. 录入取土坑和弃土坑数据

从纬地道路系统导入上述数据后，还需输入的数据包括：取土坑数据和弃土坑数据以及项目文件中未包含的数据。

大冲—塘前公路土石方挖余较多，需设置一处弃土坑，无取土坑。弃土坑位置在 K0 +

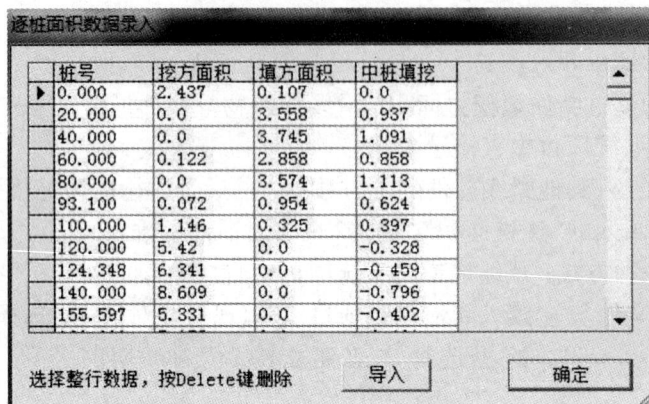

图 4 – 135　逐桩面积数据录入窗口

800 处，离公路主线 50 m 处，容量为 2000 m³。点击下拉菜单［数据录入］—［弃土坑］，弹出"弃土坑数据录入"窗口，输入相关参数如图 4 – 136 所示。

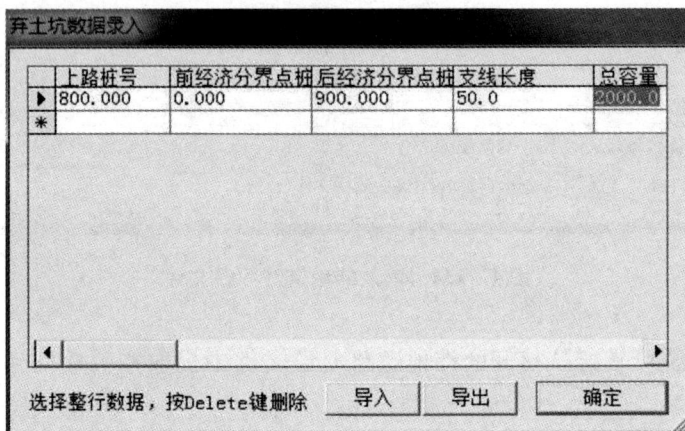

图 4 – 136　弃土坑数据录入

4.4.3　可视化的土石方调配

1.数据预处理

数据准备完毕后，点击下拉菜单［调配］—［数据预处理］，出现"数据预处理"窗口，用于设置方量计算方法、本桩利用原则、扣除路槽方式、土石方损耗率等参数，本工程案例输入相关参数如图 4 – 137 所示。

数据预处理一方面完成本桩利用等参数的设置，另外还可以检查输入（或导入）的各项数据是否完整，在确认数据无误后，方可进行土方调配。

2.土石方调配界面

点击下拉菜单［调配］—［开始调配］，将显示如图 4 – 138 所示的界面。

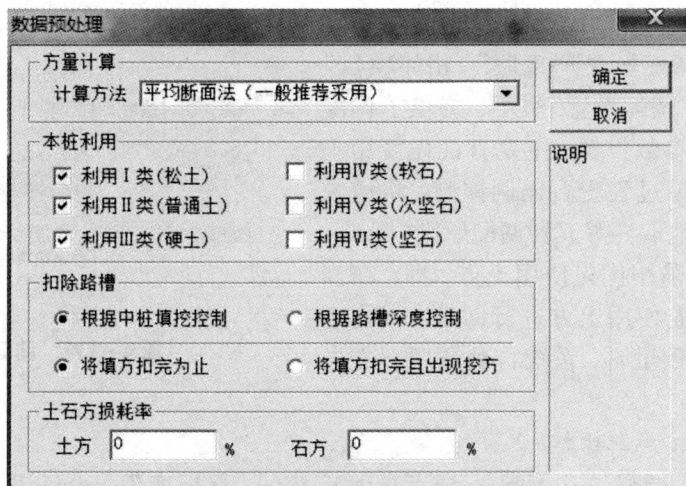

图 4 – 137　土石方数据预处理

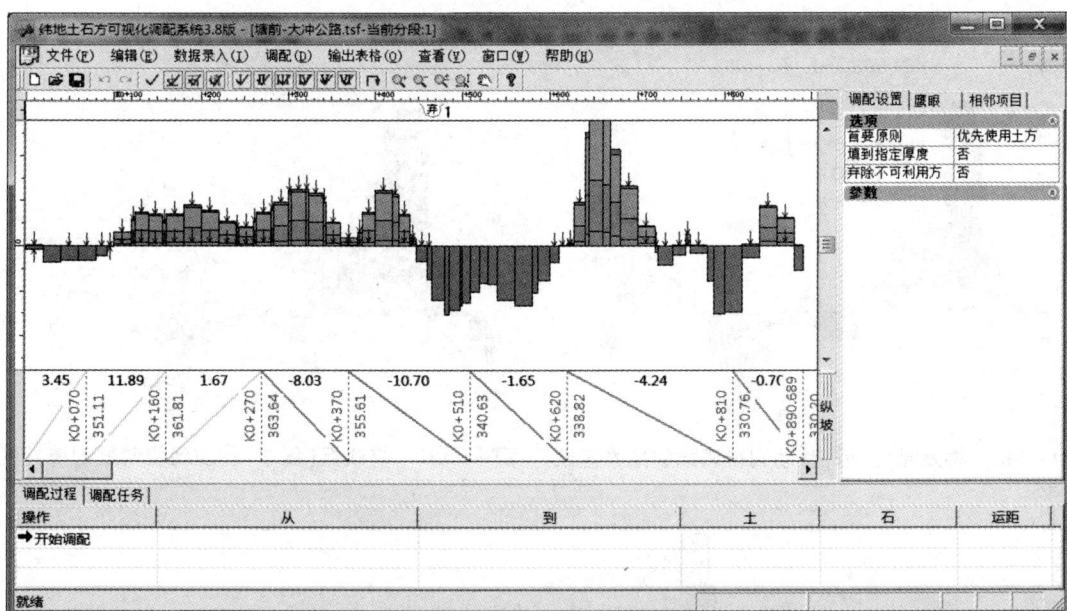

图 4 – 138　土石方调配窗口

土石方调配窗口主图形区域内显示的是土方调配图，图中设计线（水平直线）上部为挖方，下部为填方，其中挖方又分为六类土石，用不同颜色表示，土石的显示位置可交换（点击下拉菜单 [查看]—[交换显示位置]）。下方为"调配过程"及显示窗口，其中滚动显示用户所进行的每一步调配操作，包括操作流水号、调配"从"区段、调配"到"区段、调配土石方数量以及运距等信息。

取土坑和弃土坑等显示在主图形区域内的上方，可以通过点击下拉菜单[查看]—[取、弃土坑固定显示]项来控制取土坑和弃土坑是否随主窗口桩号区间动态显示。

窗体右方是"调配设置""鹰眼""相邻项目"等设置页面，其中"调配设置"页面，提供了调配首要原则选项及其参数设置，主要有优先使用土方、土石方齐用、单过程土石比例控制、将填缺凑到土石比例、就地取弃等五种调配原则（图4-139）。本工程案例采用优先使用土方，即：在当前调配的区域，优先使用土方进行回填，当土方用完后还需要回填数量时，系统自动调用石方进行回填。

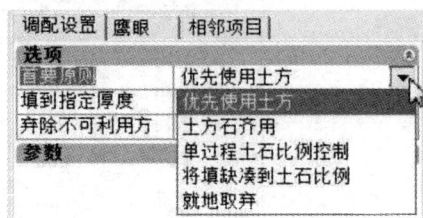

图4-139　调配设置

3. 可视化土石方调配操作

点击下拉菜单[调配]—[调配]，或者 ⌐ 命令按钮，鼠标变为一个铁锹的形状，移动鼠标到调配段落的挖方区域（图4-140），点击鼠标左键，鼠标变为一辆运货车形状，将鼠标移到要放置的填方位置（图4-141），点击鼠标左键，相应的填挖方变为空白矩形区域（图4-142）。

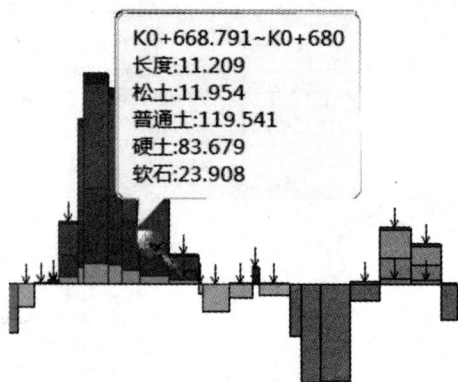

K0+668.791~K0+680
长度:11.209
松土:11.954
普通土:119.541
硬土:83.679
软石:23.908

图4-140　将鼠标（铁锹）移动到待调配的挖方区域

K0+800~K0+820
长度:20.000
填方:296.710

图4-141　将鼠标（货车）移动到待调配的填方区域

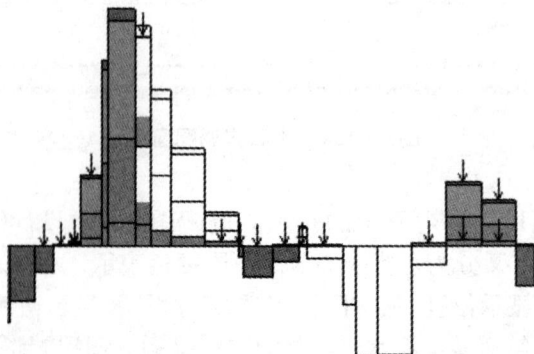

图4-142　调配完成后的对应填、挖方变成空白矩形区域

如果需要从取土坑借方时，先在取土坑上点击鼠标左键，鼠标变为一辆运货车形状，将鼠标移到要放置的填方位置，再点击鼠标左键即可完成借方调运。

如果需要将挖方弃掉时，先在挖方段点击鼠标左键，鼠标变为一辆运货车形状，将鼠标移到弃土坑，再点击鼠标左键即可完成弃方调运。

4. 土石方调配过程中的相关操作技巧

（1）图形缩放。在调配过程中，可以对土石方矩形图进行放大、缩小、缩放、纵横缩放、平移等操作，可通过点击［查看］菜单下的相应子菜单项，或点按工具栏上的对应图标 ◔◔◔◔◔ 实现。

（2）有条件的土石方选择。可以设置土石方选择的条件，比如，只选择某区间的土方，或者只选择某区间的五类土（次坚石），可点击［编辑］菜单下相对应子菜单项（图 4 – 143），或点按工具栏上对应的命令图标 ✓✓✓✓✓✓✓✓ 实现。

可以通过矩形选择命令，选择某特定路段的土石方，点击下拉菜单［编辑］—［矩形选择］，或者点击"矩形选择"命令按钮 ✓，将鼠标放在您要选择段落的起始点处，按下鼠标左键，拖动鼠标到段落终点处，放开鼠标左键即可选中，选中区域内的图形颜色将发生变化。

在路线较长时，调配时所设的取（弃）土坑可能不在当前显示图形区域内，这样在取（弃）土时操作不方便。如果将"取、弃土坑固定显示"选中（点击下拉菜单［查看］—［取、弃土坑固定显示］），则在调配过程中，无论怎样移动图形，取（弃）土坑的显示标志一直在当前图形区域内。将鼠标移到取（弃）土坑的标志上，停放一会儿，将在最下方的状态栏内显示它为几号取（弃）土坑及其所在桩号。

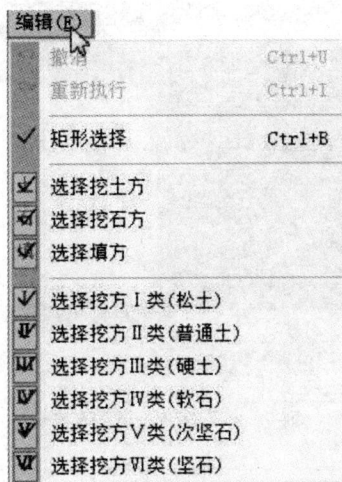

图 4 – 143　编辑菜单下的土石方条件选项

5. 土石方调配的基本原则

土石方调配的几项基本原则，需要靠设计者而不是软件来把握，特列举如下，供使用时参考：

（1）就近利用，以减少运量。在半填半挖断面中，应首先考虑在本路段内移挖作填进行横向平衡，然后再作纵向调配，以减少总的运输量。

（2）不跨沟调运。土石方调配应考虑桥涵位置对施工运输的影响，一般大沟不作跨越调运。

（3）高向低调运。应注意施工的可能与方便，尽可能避免和减少上坡运土；位于山坡上的回头曲线段优先考虑上线向下线的土方竖向调运。

（4）经济合理性。应进行远运利用与附近借土的经济比较（移挖作填与借土费用的比较）。

（5）不同的土方和石方应根据工程需要分别进行调配，以保证路基稳定和人工构造物的材料供应。

（6）土方调配对于借土和弃土应事先同地方商量，妥善处理。借土应结合地形、农田规划等选择借土地点，并综合考虑借土还田，整地造田等措施。弃土应不占或少占耕地，在可能条件下宜将弃土平整为可耕地，防止乱弃乱堆，或堵塞河流，损坏农田。

6. 结束调配

在整个调配图中的填挖方均进行了调运处理后，点击下拉菜单 [调配]—[结束调配]，系统将会检查是否全部调配完成，并对数据进行整理、累计、统计等操作。

若未完成全部调配，则系统提示尚未调配完成的桩号区间，同时，还可以查看调配任务表的数据，如果调配任务表中还有数据行，则表示该路段调配工作没有完成，如图 4-144 所示。

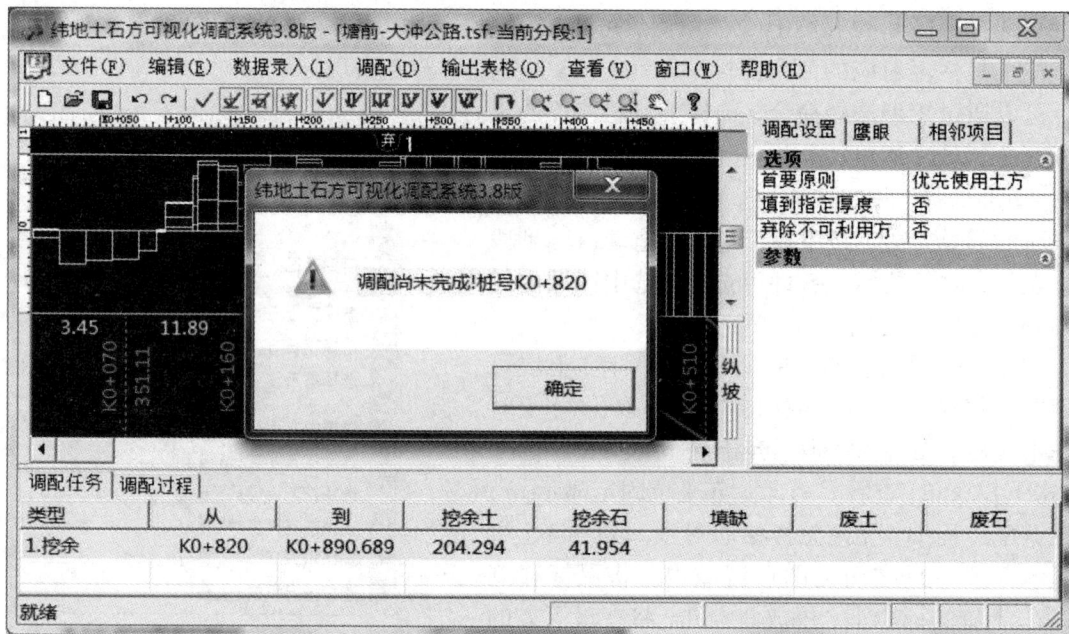

图 4-144　系统提示调配尚未完成

部分桩号由于土方量很小，相应的矩形高度也非常小，无法准确显示是否调配完成（矩形空白），系统会在这些高度很小的、未完成调配的矩形上方标记一个下箭头"↓"进行提示，如图 4-140 ~ 图 4-142 所示。

只有所有调配工作已经全部完成，才可结束调配。

4.4.4　输出土石方调配表格

在调配结束后，下拉菜单 [输出表格] 下的各菜单项将自动变为可用状态，即可输出土石方调配的表格，包括土方数量计算表、每公里土石方数量表、土石方运量统计表等，所有表格均以 Office 的 EXCEL 格式输出，方便用户对表格进行检查、修改、统计和批量打印输出。

1. 输出土石方数量计算表

纬地土石方系统能输出带有土石方纵向调配示意图的土石方数量计算表，点击下拉菜单 [输出表格]—[土石方数量计算表]，弹出"输出土石方计算表"窗口，可进行输出页面范围、小数尾数、土石方类型等参数的设置，如图 4－145 所示。

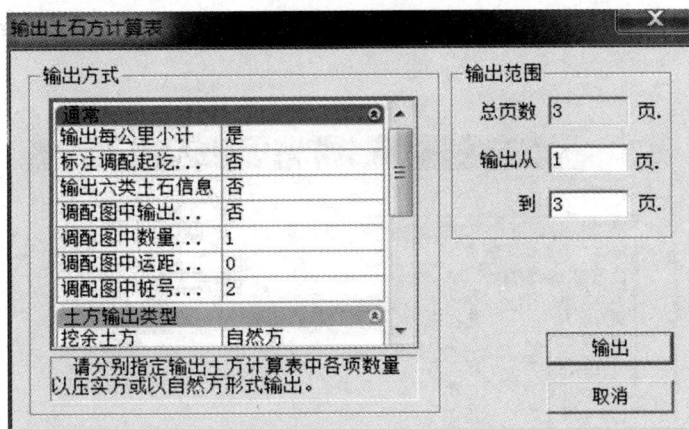

图 4－145　输出土石方计算表参数设置

点击"输出"按钮，即可输出 EXCEL 格式的土石方数量计算表，图 4－146 是其带纵向调配示意图的局部截图。

利用方数量及调配(m³)						
本桩利用		填　缺		挖　余		远运利用及纵向调配示意
土	石	土	石	土	石	
21	22	23	24	25	26	27
				86.5	9.6	
				474.0	52.7	
				238.5	26.5	
				215.2	23.9	土619.8(203 m)石176.2(181 m)
				240.3	26.7	弃方(到弃土坑K0+800)
24.5				78.5	11.8	
4.6		4.2			0.6	
10.7		71.6			1.4	
19.9		30.9			2.5	
1.1				11.5	1.4	
20.5		32.1			2.6	
		58.1				
		191.2				
		296.7				
56.4		51.5			7.1	
5.9				158.7	18.4	土204.3(104 m)石42.0(105 m)
18.4				110.9	14.6	弃方(到弃土坑K0+800)

图 4－146　带纵向调配示意图的土石方数量计算表局部截图

2.输出每公里土石方数量表

点击下拉菜单[输出表格]—[每公里土石方数量表],弹出"输出每公里土石方数量表"窗口(图 4 - 147),设置相关参数后,点击"输出"按钮,即可输出 EXCEL 格式的每公里土石方数量表。

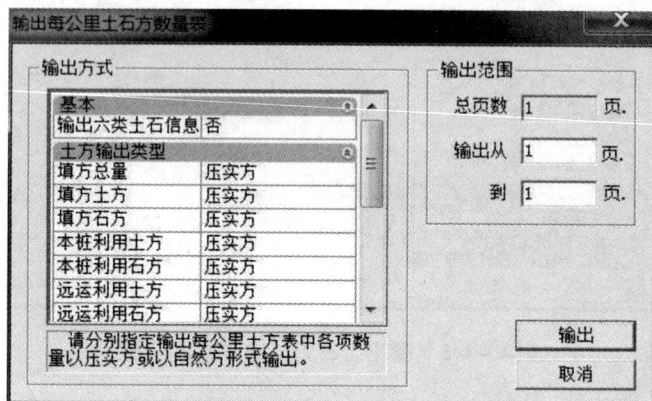

图 4 - 147 输出每公里土石方数量表参数设置

3.输出路基土石方运量统计表

点击下拉菜单[输出表格]—[土石方运量统计表],弹出"输出土石方运量统计表"窗口(图 4 - 148),设置相关参数后,点击"输出"按钮,即可输出 EXCEL 格式的路基土石方运量统计表。

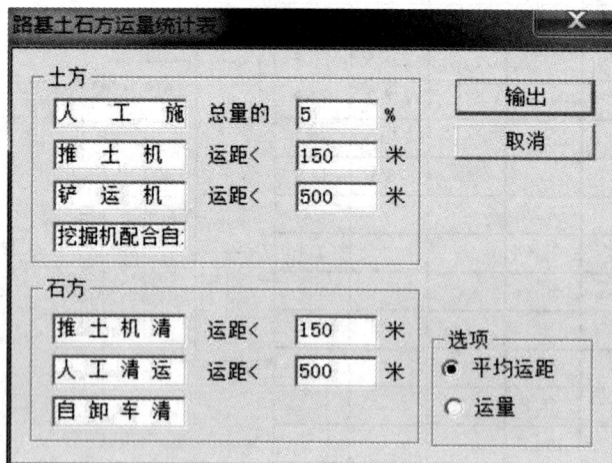

图 4 - 148 路基土石方运量统计表参数设置

附录：
本书操作案例电子附件、程序等清单

第1章

(1) AutoCAD 作图查询. dwg

(2) 地形图. tif

(3) 立交匝道. dwg

(4) 某地块角点坐标. xls

(5) 桥塔基础承台平面图. dwg

(6) 人民路交叉口. dwg

第2章

(1) 程序 01：道路中边桩坐标计算程序 140920. xls

(2) 程序 02：立交匝道与卵形曲线坐标计算程序. xls

(3) 程序 03：多段线坐标提取程序. xls

(4) 程序 04：桩位坐标比对程序. xls

(5) 程序 05：附合导线平差计算 1. 0 版. rar

(6) 程序 06：施工坐标转换程序. xls

(7) 程序 07：高斯投影坐标计算程序. xls

(8) 湖南交职院校区边界. csv

(9) 湖南交职院校区边界. kml

(10) 某小区 11#栋基础平面布置图. dwg

第3章

(1) Dgx. dat

(2) dgx2. dat

(3) dgx 土方计算区域坐标. txt

(4) 沟槽横断面设计文件. txt

(5) 沟槽里程文件. hdm

（6）沟槽数据文件. dat

（7）光栅地形图. tif

（8）光栅地形图的数字化坐标. dat

（9）重庆某区地形图. dwg

（10）重庆某区高程点坐标. dat

第 4 章

第4.2节

（1）道路中边桩坐标计算程序 140920（宜凤高速）. xls

（2）桥位数据. txt

（3）宜凤 JD0 – JD10. jdw

（4）宜凤 JD0 – JD19. jdw

（5）宜凤高速地面高程（4400 ~ 6000）. xls

（6）宜凤高速横断面数据（4400 ~ 6387）. txt

（7）宜凤高速横断面数据. xlsx

（8）宜凤高速纵断面设计数据. xlsx

（9）宜凤平面数据 JD0 – JD5. jdw

（10）纬地项目文件（文件夹）

第4.3节

（1）地形图. tif

（2）光栅地形图的坐标数据文件. dat

（3）光栅地形图高程点. dwg

（4）纬地项目文件（文件夹）

第4.3节

（1）大冲—塘前公路. tsf

工程案例：湖南省 YZ 至 FTL 高速公路设计图纸

（1）01 直线曲线及转角表. pdf

（2）02 路线纵断面图. pdf

（3）03 纵坡竖曲线表. pdf

（4）04 路基标准横断面图. pdf

（5）05YZX 互通式立交线位数据图. pdf

参考文献

[1]JTG D20—2006 公路公路路线设计规范［S］.北京：人民交通出版社,2006

[2]符锌砂.公路计算机辅助设计［M］.北京：人民交通出版社,1998

[3]姜勇,惠华先.计算机辅助设计——AutoCAD 2006 中文版基础教程［M］.第 2 版.北京：人民邮电出版社,2011

[4]郭刚.EXCEL VBA 入门与应用典型实例［M］.北京：科学出版社,2009

[5]郭滕峰.道路三维集成 CAD 技术——纬地三维道路 CAD 系列软件教程［M］.北京：人民交通出版社,2006

[6]吕翠华.VB 语言与测量程序设计［M］.北京：测绘出版社,2013

[7]覃辉等.测量学［M］.北京：中国建筑工业出版社,2007

[8]王中伟.卡西欧 fx－5800P 计算器与道路施工放样计算程序［M］.广州：华南理工大学出版社,2011

[9]王中伟.德州仪器 TI－nspire 计算器与道路施工测量计算程序［M］.广州：华南理工大学出版社,2015

[10]王中伟.路线定点求桩计算的统一数学模型［J］.交通科技与经济,2008(6)

[11]王中伟.道路施工放样程序双层面数据库的设计与实现［J］.交通科技与经济,2012(14)

[12]王中伟.用 EXCEL 的"日期、时间"格式进行角度测量数据的存储及处理［J］.勘察科学技术,2012(2)